U0197580

"十四五"时期国家重点出版物出版专项规划项目

微波光子技术丛书

高分辨率光矢量分析技术

潘时龙 薛 敏 卿 婷 刘世锋 著

科学出版社

北 京

内 容 简 介

本书系统介绍了高分辨率光矢量分析技术的基本理论、实现方法和主要进展，对现有的高分辨率光矢量分析技术进行了梳理与总结。本书是作者在光矢量分析技术领域多年研究过程中获得的知识和经验的总结，核心内容源自作者团队单独或者与国内外研究学者合作发表在国际重要期刊的文章。全书分为 7 章：第 1 章介绍了光矢量分析的概念、意义及其发展概况；第 2 章至第 6 章从基本原理、关键挑战、研究进展等方面详细介绍了三种典型的高分辨率光矢量分析技术；第 7 章介绍了若干面向特定应用的高分辨率光矢量分析技术。

本书可供光通信、微波光子学、光传感、光处理、光集成及相关领域的研究人员和工程技术人员使用，也可作为该专业方向研究生的参考书。

图书在版编目（CIP）数据

高分辨率光矢量分析技术/潘时龙等著. —北京：科学出版社，2023.6
（微波光子技术丛书）

"十四五"时期国家重点出版物出版专项规划项目　国家出版基金项目
ISBN 978-7-03-074305-3

Ⅰ. ①高… Ⅱ. ①潘… Ⅲ. ①高分辨率–光–矢量–研究 Ⅳ. ①O43

中国版本图书馆 CIP 数据核字(2022) 第 240347 号

责任编辑：惠　雪　王晓丽　曾佳佳 / 责任校对：郝璐璐
责任印制：师艳茹 / 封面设计：许　瑞

科学出版社 出版
北京东黄城根北街 16 号
邮政编码：100717
http://www.sciencep.com

北京中科印刷有限公司 印刷
科学出版社发行　各地新华书店经销

*

2023 年 6 月第　一　版　开本：720×1000　1/16
2023 年 6 月第一次印刷　印张：12 1/4
字数：245 000
定价：119.00 元
（如有印装质量问题，我社负责调换）

丛 书 序

微波光子技术是研究光波与微波在媒质中的相互作用及光域产生、操控和变换微波信号的理论与方法。微波光子技术兼具微波技术和光子技术的各自优势，具有带宽大、速度快、损耗低、质量轻、并行处理能力强以及抗电磁干扰等显著特点，能够实现宽带微波信号的产生、传输、控制、测量与处理，在无线通信、仪器仪表、航空航天及国防等领域有着重要和广泛的应用前景。

人类对微波光子技术的探索可回溯到 20 世纪 60 年代激光发明之初，当时人们利用不同波长的激光拍频，成功产生了微波信号。此后，美国、俄罗斯、欧盟、日本、韩国等国家和组织均高度关注微波光子技术的研究。我国在微波光子技术领域经过几十年的发展和技术积累，在关键元器件、功能芯片、处理技术和应用系统等方面取得了长足进步。

微波光子元器件是构建微波光子系统的基础。目前，我国已建立微波光子元器件领域完整的技术体系，基本实现器件门类的全覆盖，尤其是在宽带电光调制器、光电探测器、光无源器件等方面取得良好进展，由上述器件构建的微波光子链路已实现批量化应用。

微波光子集成芯片是实现微波光子技术规模化应用的前提，也是发达国家大力投入的核心研究领域。近年来，我国加快推进重点领域科研攻关，已在集成微波光子学理论、微波光子芯片的设计与制造、高精度光子芯片的表征测试等重点方向实现较大进步。

微波光子处理技术能够在时间域、空间域、频率域、能量域等多域内对微波信号进行综合处理，可直接决定微波光子系统感知、控制和利用电磁频谱的能力。目前，我国已在超低相噪信号产生、微波光子信道化、微波光子时频变换、光控波束赋形等领域取得了诸多优秀科研成果，形成了多域综合处理等创新技术。

微波光子应用系统是整个微波光子技术体系能力的综合体现，也是世界各国角力的核心领域。基于微波光子器件、芯片和处理技术的快速发展，我国在微波光子电磁感知与控制、微波光子雷达以及微波光子通信等关键核心系统技术方面取得显著成绩，成功研制出多型演示验证装置和样机。

此外，微波光子技术所需的设计、加工和测量技术与其他光学领域有着很大区别，包括微波光子多学科协同设计与建模仿真、微波光子异质集成工艺、光矢量分析技术、微波光子器件频响测试技术等方面。近年来，我国在上述领域也取得了较好的进展。

　　虽然微波光子技术的快速进步给新一代无线通信、雷达、电子对抗等提供了关键技术支撑，但我们也要清醒地看到，长期困扰微波光子技术领域发展的关键科学问题，包括微波光波高效作用、片上多场精准匹配、多维参数精细调控、多域资源高效协同等，尚未实现系统性突破，需要在总结现有成绩基础上，不断探索新机理、新思路和新方法。

　　为此，我们凝聚集体智慧，组织国内优秀的专家学者编写了这套"微波光子技术丛书"，总结近年来我国在微波光子技术领域取得的最新研究成果。相信本套丛书的出版将有利于读者准确把握微波光子技术的发展方向，促进我国微波光子学创新发展。

　　本套丛书的撰写是由微波光子技术领域多位院士和众多中青年专家学者共同完成，他们在肩负科研和管理工作重任的同时，出色完成了丛书各分册书稿的撰写工作，在此，我谨代表丛书编委会，向各分册作者表示深深的敬意！希望本套丛书所展示的微波光子学新理论、新技术和新成果能够为从事该技术领域科研、教学和管理工作的人员，以及高等学校相关专业的本科生、研究生提供帮助和参考，从而促进我国微波光子技术的高质量发展，为国民经济和国防建设作出更多积极贡献。

　　本套丛书的出版，得到了南京航空航天大学，中国科学院半导体研究所，清华大学，中国电子科技集团有限公司第十四研究所、第二十九研究所、第三十八研究所、第四十四研究所、第五十四研究所，浙江大学，电子科技大学，复旦大学，上海交通大学，西南交通大学，北京邮电大学，联合微电子中心有限责任公司，杭州电子科技大学等参与单位的大力支持，得到参与丛书的全体编委的热情帮助和支持，在此一并表示衷心的感谢。

中国工程院院士　吕跃广

2022 年 12 月

前　　言

高精度光测量技术是光子学领域核心器件开发和关键技术攻关的必要手段，是相关研究快速迭代的前提。此前，无论光通信、光传感还是光信息处理，主要利用光波的幅度来携带信息，因而只需光标量分析即可支撑光器件和系统的研制、检测与应用。然而，近年来不断涌现的宽带业务、不断提高的服务质量要求，以及不断指数增长的接入设备，使光谱利用效率成为学术界和产业界关注的焦点。这就要求人们从传统的单一维度 (幅度)、粗粒度光谱使用向多维度、高精细度光谱操控转变。相应地，低分辨率的标量分析也要向高分辨率的矢量分析发展。

本书系统介绍高分辨率光矢量分析技术的基本理论、实现方法和主要进展，对现有的高分辨率光矢量分析技术进行全面梳理与总结。全书分为 7 章。第 1 章介绍光矢量分析的概念、意义及其发展概况。第 2 章至第 6 章从基本原理、关键挑战、研究进展等方面详细介绍三种典型的高分辨率光矢量分析技术，分别为单边带扫频光矢量分析技术、非对称双边带扫频光矢量分析技术和边带调控双边带扫频光矢量分析技术。第 7 章介绍若干面向特定应用的高分辨率光矢量分析技术，如具有时域分析功能的光矢量分析技术、基于线性调频的超快光矢量分析技术和基于光矢量分析的快速高精度光时延测量等。

本书是作者在高分辨率光矢量分析技术领域多年研究和教学过程中获得的知识与经验的总结，核心内容源自作者团队单独或者与国内外研究学者合作发表在国际重要期刊的文章。撰写本书的目的主要是对作者团队及相关学者在高分辨率光矢量分析技术所做的研究工作进行回顾和总结，以利于今后研究工作的深入开展。

衷心感谢国家重大科研仪器研制项目 (61527820)、国家重点研发计划 "重大科学仪器设备开发" 重点专项 (2017YFF0106900)、江苏省 "333 高层次人才培养工程" 科研项目 (BRA2018042)、航空科学基金项目 (2012ZD52052) 等的资助，作者对高分辨率光矢量分析技术开展了十余年的持续研究。衷心感谢中国工程院院士贲德研究员、吕跃广研究员，中国科学院院士祝世宁教授、祝宁华研究员，加拿大工程院/皇家学院院士姚建平教授等的帮助和指导。同时对课题研究的合作者中国科学院半导体研究所李明研究员、刘建国研究员、李伟研究员、郭锦锦副研究员，北京邮电大学徐坤教授、张晓光教授，北京交通大学王目光教授，南京航空航天大学赵永久教授等表示感谢。

本书写作过程中得到了微波光子技术国家级重点实验室的李树鹏、唐震宙、傅剑斌、王立晗、杨坤钱、徐宗新、方奕杰、汤晓虎、陈维、吕明辉、衡雨清等成员的帮助，部分章节内容包含他们的成果，在此深深致谢。

尽管花费了大量的时间和精力从事书稿的准备，但书中难免存在不足之处，敬请读者批评指正。

作　者

2022 年 12 月于南京航空航天大学

目　　录

第 1 章 绪　　论

1.1　光矢量分析的基本概念

光谱响应表征的是光芯片、光器件、光模块或光系统对不同频率光信号幅度和相位的改变程度，是光学领域科学研究、产品开发和技术应用的关键参数。根据其定义，可向待测光器件的输入端口输入一个频率变化的光信号，通过比较输入输出端光信号的幅度和相位变化进行测量。其中幅度响应一般以分贝 (dB) 为单位，相位响应用弧度 (rad) 或者度 (°) 来表示。

在光信息技术的发展初期，人们常采用操控幅度的方式来实现信息的获取、传递和处理，因而，在光芯片、光器件、光模块和光系统的研制、生产与应用中仅需测量其幅度响应。这种光谱响应测量技术一般称为光标量分析技术。近年来，信息容量呈现出爆炸式增长态势，需要采用更多维度的光谱资源 (相位、时间、偏振、模式等) 承载信息。这就要求光器件等具备操控多维光谱的能力。对应地，也需要对多维光谱响应进行测量。为此，人们发展出了光矢量分析技术，用以测量多维度的光谱响应，如基础的幅度和相位响应，以及由其推算获得的插入损耗、群时延、色散、偏振相关损耗、偏振模色散、琼斯矩阵、冲激响应、Q 值、线性展宽因子等多种参数：

(1) 插入损耗 (insertion loss, IL)，是指光器件对光信号的衰减量，可对测得的幅度响应取倒数获得。

(2) 群时延 (group delay, GD)，是指各频率分量的振幅包络的时延，可通过相位响应的微分获得。

(3) 色散 (dispersion)，是指光器件中不同频率光信号的传输速度不同，从而导致所需的传输时间不同，可通过相位响应的二阶微分获得。同理，高阶色散可通过相位响应的高阶微分获得。

(4) 偏振相关损耗 (polarization dependent loss, PDL)，是指光器件对同一频率但不同偏振态光信号的最大损耗和最小损耗的差值，可结合偏振控制模块测量若干或遍历所有偏振态上的幅度响应解算获得。

(5) 偏振模色散 (polarization mode dispersion, PMD)，是指不同偏振模式的传播速度不同，从而导致光脉冲在光器件中传输时发生展宽，可结合偏振控制模块测量若干偏振态上的幅度和相位响应解算获得。

(6) 琼斯矩阵 (Jones matrix)，是描述光器件对光信号幅度、相位和偏振改变的 2×2 矩阵，可通过测量不同偏振态的幅度和相位响应获得。

其他多种参数也可以通过测量不同偏振、模式等状态下的幅度和相位响应获得。

1.2   光矢量分析的研究概况

光波和微波本质上都是电磁波，均可用麦克斯韦方程组 (Maxwell's equations) 表示。因而，光学领域频谱响应测试仪表的发展历程与微波领域仪表类似。

在微波领域，微波器件频谱响应测试仪表经历了从低分辨率标量网络分析仪到高分辨率矢量网络分析仪的发展历程 [1]。20 世纪 60 年代之前，人们主要采用微波幅度来承载信息，因而在微波器件的研制、生产以及应用过程中仅需关心幅度响应，标量网络分析仪 (仅能测量幅度响应) 即可满足测试需求 [2,3]。图 1.1 为早期的微波标量网络分析仪，其体积庞大、操作复杂、测量分辨率低，还需配备专业技术人员。然而，随着无线通信 [1-5] 和相控阵天线 [6-8] 的快速发展，相位信息越来越受重视，用于提高微波频谱效率或实现信号灵活处理，因此微波器件相位响应信息变得极为重要。矢量网络分析仪 (vector network analyzer, VNA)，作为可同时获取微波器件幅度和相位响应的仪表，逐渐走上历史舞台 [9-11]。它的发明有力推动和支撑了微波器件及系统的创新与飞速发展，造就了无比辉煌的微波产业。如今，矢量网络分析仪已是微波器件研制、生产、检测和应用过程中不可或缺的仪表，被称为微波领域的 "仪器之王" 和 "万用表"。图 1.2 为一款典型的商用微波矢量网络分析仪。

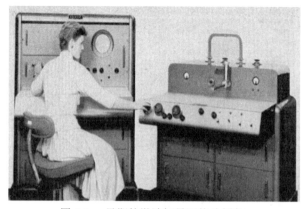

图 1.1   早期的微波标量网络分析仪

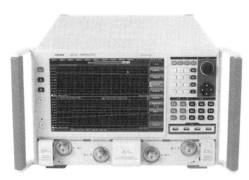

图 1.2 商用微波矢量网络分析仪 (中电科思仪科技 3674 系列)

类似的故事正在光子领域重演。此前，无论光通信、光传感还是光信息处理，主要采用光波的幅度来承载信息，只需光标量分析技术即可支撑光器件的研制生产和光子技术的创新突破 [12-18]。光标量分析技术通常采用宽谱光源或扫频光源作为信号光源，光功率计或光谱分析仪记录光功率的变化，从而获得待测光器件的幅度响应。然而，近年来不断扩大的信息类别、不断涌现的宽带业务、不断提高的服务质量要求，以及不断指数增长的接入设备，使曾经被认为是取之不尽、用之不竭的光谱资源变得越来越紧张，提高光谱效率已成为有效解决途径和必然发展趋势 [19-23]。这就要求人们从单一维度 (幅度)、粗粒度的光谱操控向多维度 (幅度、相位、偏振等)、高精细度转变。相应地，光谱测量技术也要从低分辨率的标量分析技术向高分辨率的矢量分析技术演进。

高分辨率光矢量分析技术可有效支撑大容量光通信、光子集成、超高精度计量、单分子检测、慢光存储、片上光信号处理等领域的研究，对其进行深入研究具有十分重要的意义。

(1) 面向光通信产业升级的光子集成芯片与器件在研发和生产过程中，需要多维度、高分辨率频谱响应测量仪器提供功能与性能表征。

随着数据容量的不断增长，包括幅度、相位、频率、偏振甚至模场分布在内的多维光谱资源都被用来承载信息，信息的传输、接收和处理发生了前所未有的变化 [24,25]。相应地，新型光器件也需具备精细操控多维光谱的能力。精确测量这些光器件的幅度、相位以及偏振响应已成为相关领域创新突破的必然需求和重要前提。

此外，光信息系统单个信道的带宽 (或频谱复用的粒度) 越来越小，例如，光接入网标准之一超密集波分复用无源光网络的信道间隔为吉赫兹量级；光正交频分复用 (orthogonal frequency division multiplexing, OFDM) 系统子载波带宽通常在百兆赫兹量级；而微波光子系统则要求能分辨数十兆赫兹间隔的无线信道 [26-28]。光电子加工工艺的不断进步、频谱复用能力的不断提高、相干信号处理技术的不断发展支撑着光子芯片频谱操控精细度的不断提升。然而，传统光器件测试仪表的频谱分辨率较低，难以为具有高精细光频谱操纵能力光器件的研制、生产和应用提供必要的测试手段。

以光子集成基础单元之一——光学微谐振器 (微环、微盘、微球等) 为例，这种光子器件被广泛用于微型激光器、高效光调制、超高速光开关、慢光存储、片上光信号处理、高精度时间同步等，已在 *Science*、*Nature* 及其子刊上报道了上百次，孕育着新一代光信息系统的希望 [29-36]。为实现上述高性能微谐振器的研制、生产和应用，必须对其频谱响应 (包括幅度、相位和偏振响应) 进行精确测量以表征其性能。现有光学微谐振器的 Q 值最高可达 6×10^{10}，亦即 3 dB 带宽为飞米 $(1 \times 10^{-15} \mathrm{m})$ 量级 [36]，传统光矢量分析技术已难以精确测得其频谱响应。

(2) 以超高精度计量为基础的单分子检测、慢光存储、片上光信号处理、高精度时间同步等科学前沿的研究，也需要多维度、高分辨率频谱响应测量仪器作为测试手段。

单分子检测、慢光存储、片上非线性效应、高精度传感、微型激光器、超高稳定激光器、光子计算、高速光开关、电磁诱导透明等研究方向，本质上都希望在极小的光谱范围内形成急剧的幅度或相位突变 (亦即极高的 Q 值)。

作为环境监测与生物传感领域的技术前沿，单分子/微粒无标签检测，可用于大气环境的精确监测与分析，以及细菌、病毒、血液甚至 DNA (deoxyribo-nucleic acid, 脱氧核糖核酸) 的快速高效检测，其主要难点是如何提高检测灵敏度。光波的绝对频率极高 (可达数百太赫兹)，对外界环境变化十分敏感，是单分子/微粒检测的有效载体 [36-40]。传统光波导中，光子在其有限的寿命中仅能与附着的粒子发生一次或若干次作用，难以进行高精度、高灵敏度测定。而在高 Q 值谐振器中，光子在其有限的寿命中可循环上万甚至百万次，单个待测粒子黏附于该器件表面时，将与光子发生上万甚至百万次的作用，成数量级地提高单分子的检测灵敏度和传感精度。目前，上述单分子/微粒检测的灵敏度极限受限于光谐振器频谱响应的测量分辨率。当微球半径为 100 μm、谐振波长为 1300 nm 时，若要测到半径为 0.5 pm、密度为 1 pg/mm^2 的粒子，要求频谱响应的测量分辨率为 6 fm (约为 0.75 MHz@1300 nm)。若要测量半径更小的分子/微粒，则需分辨率更高的光矢量分析技术作为测试解调手段。

由于光速太快，人们难以对其进行长时间存储和高效率处理。若能有效控制光在介质中的速度，形成慢光效应，则光存储、光分组交换等均有可能成为现实 [41-43]。同时，慢光还能增加光与物质、光与光、光与微波等的相互作用时间，从而有助于实现超高效光调制 [44] 和超强非线性效应 [45]，有望在极小的面积上以非常低的功耗实现光子信号处理。因此，慢光技术孕育着人类在集成光子信号处理、光子计算等领域的关键进展。慢光的物理本质是 $\tau = \Delta\varphi/\Delta\omega$，其中 τ 为光延时，$\Delta\varphi$ 为相位变化，$\Delta\omega$ 为光谱范围，亦即要想获得极慢的速度，必须要在极小的光谱带宽上形成急剧的相位变化，这必然需要高分辨率的光矢量分析技术作为实验测试手段。

高精度时间同步 (一般基于窄线宽激光或低相噪微波) 是大型科学设施 (如自由电子激光器、粒子加速器等)、高精度雷达、射电望远镜阵列、航天测控网络、全球定位系统等的基础，关系着通信、航空、航天、国防等领域的重要突破。例如，美国国家航空航天局 (National Aeronautics and Space Administration, NASA) 和欧洲航天局 (European Space Agency, ESA) 已设计出空间激光干涉天线 (laser interferometer space antenna, LISA)，实现了引力波的精确测量，其要求激光的相干长度达到 1×10^9m，对应的激光器线宽在毫赫兹量级。当前，高稳定度振荡源的实现方式主要有直接振荡和外部稳频两种，两者本质上都需要具有高 Q 值频谱响应的器件与系统，且 Q 值越大，产生的激光或微波质量越高，因此，高分辨率光矢量分析技术也可用于其系统性能评估。

综上所述，大容量光通信产业升级中核心光子器件与集成芯片的研制和生产，以及超高精度计量、单分子检测、慢光存储、片上光信号处理、高精度时间同步等前沿研究，都要求光器件能够对光谱进行多维度、高精细度的操控 (操控精细度在飞米级别)，对光矢量分析技术的分辨率和精度提出了极高的要求。

1.3 光矢量分析的实现原理及主要进展

要测量光器件的频谱响应，须首先使用宽谱光源或扫频光源泵浦出其频谱响应，即将频谱响应转换为光信号某种特性 (幅度、相位或偏振) 的变化，而后对该信号进行分析反演。

根据光源特点和所采用的信号分析方法，现有的光器件频谱响应测量方法可大致分为四类：① 基于宽谱映射的光标量分析技术；② 基于光干涉的光矢量分析技术；③ 基于宽带电光调制的光矢量分析技术；④ 单边带扫频光矢量分析技术。

1.3.1 基于宽谱映射的光标量分析技术

该技术是目前应用最广泛的光器件分析手段，一般采用放大自发辐射 (amplified spontaneous emission, ASE) 光源或超辐射发光二极管 (super luminescent diodes, SLD) 作为宽谱光源泵浦出待测光器件的频谱响应，然后采用光谱分析仪 (optical spectrum analyzer, OSA) 观测所接收信号的光谱，与原信号光谱对比，推算出待测光器件的幅度响应。图 1.3 为基于宽谱映射的光标量分析技术原理框图。

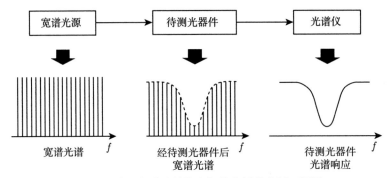

图 1.3　基于宽谱映射的光标量分析技术原理框图

由于光谱仪主要采用空间光栅将不同频率的光信号在空间上分开，然后利用机械狭缝扫描出各频谱分量的功率，狭缝的频谱宽度决定了光谱分辨率，因而该方法的频谱分辨率一般较低，通常大于 10 pm。同时，由于光谱仪仅能获取功率信息，因而该方法只能测量光器件的幅度响应，无法获取相位信息，即只能对光器件进行标量分析。此外，该方法仅能测量线性光器件的幅度响应，无法测得非线性器件的幅度响应。这是由于在非线性光器件的测量过程中，宽谱光源的谱线功率不仅受到待测光器件幅度响应的作用，还受到诸多非线性效应，如四波混频 (four-wave mixing, FWM)、交叉相位调制 (cross phase modulation, XPM)、自相位调制 (self phase modulation, SPM) 等的作用，使所测得的幅度响应为光器件实际幅度响应与非线性误差的叠加，难以区分。

近年来，光谱仪分辨率不断提高，基于宽谱映射的光标量分析技术的测量分辨率得到了极大的提升。例如，西班牙 Aragon 公司推出的高分辨率光谱仪 BOSA 可实现 80 fm 分辨率的光谱分析；法国 APEX 公司推出的高分辨率光谱仪 OCSA 可实现 160 fm 分辨率的光谱分析。然而，其测量分辨率难以进一步提升，这是由于宽谱光源出射的一般是白噪声，在高分辨率 (飞米量级) 测量时其功率谱密度会随机变化，使其无法正常工作。

1.3.2　基于光干涉的光矢量分析技术

基于光干涉的光矢量分析技术原理框图如图 1.4 所示。具体工作原理如下：扫频激光器 (tunable laser source, TLS) 输出光波长扫描信号，输至副干涉仪；调整副干涉仪一个干涉臂中的偏振控制器 (polarization controller, PC)1，使其输出具有两个正交偏振态的探测光信号，经偏振控制器 2 后输至主干涉仪；主干涉仪一个干涉臂连接至待测光器件 (device under test, DUT)，从而使探测信号的幅度和相位随待测光器件的幅度和相位响应发生变化，最终输出携带有待测光器件幅度和相位信息的光信号；参数提取单元将主干涉仪输入的光信号分解至两个垂直偏振态，而后探测两垂直偏振态上的光信号，即可得到待测光器件的幅度响应、群时延 (可推导出相位响应) 和偏振响应信息[46]。

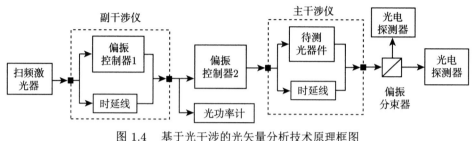

图 1.4　基于光干涉的光矢量分析技术原理框图

受限于可调激光器的波长调谐机制，光波长扫描分辨率一般仅为皮米量级，且难以进一步提高。此外，该技术采用光干涉结构提取待测光器件的相位响应信息，对外部环境的扰动极为敏感，因而需要特殊的稳定机制才能保证其正常工作。实际上即使采用了稳定机制，其测量准确度尤其是相位测量准确度仍会受到外部环境影响 (一般仅为 ±3°)。此外，受限于激光器输出探测光信号的相干长度，两干涉臂的长度差必须小于探测光的相干长度 (一般为 75 m)。

1.3.3　基于宽带电光调制的光矢量分析技术

该分析技术通过宽带电光调制器，将高功率谱密度的宽谱电信号转换为宽谱光信号，泵浦出待测光器件的精细频谱响应，而后，采用数字信号处理 (digital signal processing, DSP) 技术分析泵浦信号每根谱线幅度和相位的变化，得到待测光器件的幅度和相位响应[47-50]。受益于宽谱电信号较小的谱线间隔，该方法可对光器件进行高分辨率的矢量分析。当前，该矢量分析技术报道的最高分辨率为 6 fm (0.732 MHz@1550 nm)[50]。

图 1.5 是基于宽带电光调制的光矢量分析技术原理框图，其具体测量过程如下：光分束器将光源输出的光载波信号分成两路，一路直接连接光相干接收机作为本振光，另一路送入宽带电光调制器 (electro-optic modulator, EOM)；计算机控制任意波形发生器 (arbitrary waveform generator, AWG)，生成具有较小谱线间隔的宽谱电信号并送入宽带电光调制器的射频端口；宽带电光调制器将任意波形发生器输入的电信号调制到光载波上，产生较小谱线间隔的宽谱光信号，作为探测光信号输入到待测光器件；在待测光器件中，探测光信号各谱线的幅度和相位受到待测光器件传输函数的作用发生变化；该信号随后作为信号光输入相干接收机；光相干接收机对输入的本振光和信号光进行相干接收，获得的微波信号被示波器采样；计算机对示波器的采样结果进行快速傅里叶变换 (fast Fourier transformation, FFT)，得到频谱的幅度和相位信息，比对系统校准 (即移除待测

光器件) 时各谱线的幅度和相位，即可得到待测光器件的幅度和相位响应。

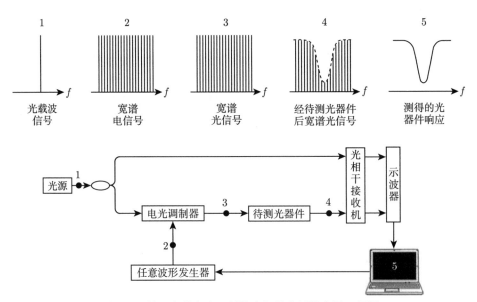

图 1.5   基于宽带电光调制的光矢量分析技术原理框图

基于宽带电光调制的光矢量分析技术虽然频率分辨率很高，但由于其动态范围较小、测量范围较窄，应用范围受到一定的限制。此外，该技术还存在一些尚待解决的其他问题，例如，如何实现待测光器件在两垂直偏振态上光谱响应的测量，以实现偏振响应的测量；如何消除相干接收机引入的测量误差等。

1.3.4   单边带扫频光矢量分析技术

单边带扫频光矢量分析技术通过光单边带 (optical single-sideband, OSSB) 调制，将光域的波长扫描转至电域进行，受益于高精细的电谱扫描和十分成熟的电域幅相分析技术，可实现高频率分辨率的光器件矢量响应测量，理论上分辨率可达亚赫兹量级[51−59]。图 1.6 是单边带扫频光矢量分析技术原理框图。其具体工作原理如下：光源产生光载波，送入光单边带调制器；光单边带调制器将微波扫频源的信号调制到光载波上，生成光单边带信号 (本书中光单边带信号指的是含有光载波和一个一阶调制边带的信号)；该光单边带信号经待测光器件时，其载波与扫频边带的幅度和相位受待测光器件传输函数的作用，发生相应变化；光电探测器对携带待测光器件响应的信号进行平方律检波，将该频谱响应信息转至电域；微波幅相接收机参考微波扫频源原始信号的幅度和相位，提取出光电流的幅度和相位信息；对微波扫频源输出的微波信号进行频率扫描，即可得到待测光器件的幅度和相位响应。引入偏振分集器件，测量待测光器件在两垂直偏振态上的幅度和相位响应, 还可得到缪勒矩阵 (Mueller matrix)。根据缪勒矩阵即可推演出光器件的偏振相关损耗、差分群时延 (differential group delay, DGD)、偏振模色散等偏振参数。

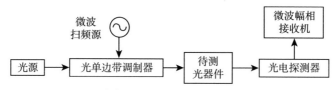

图 1.6　单边带扫频光矢量分析技术原理框图

该方法的测量分辨率可以达到 0.6 fm (78 kHz@1550 nm), 可用于提取 3 dB 带宽为 32 MHz 光纤布拉格光栅的幅度和相位响应, 如图 1.7 所示[58,59]。对比基于光干涉的光矢量分析仪的测量结果, 测量分辨率得到了显著的提升。基于光干涉的光矢量分析仪所不能测得的精细频谱响应, 尤其是相位响应, 该光矢量分析

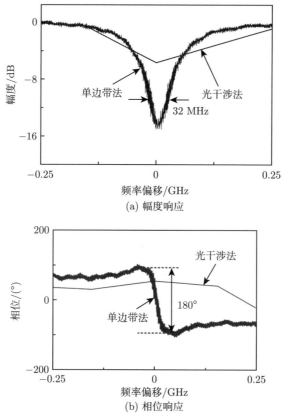

图 1.7　单边带扫频光矢量分析技术与基于光干涉的光矢量分析仪测量结果对比图

技术均可获得。此外，悉尼大学 Yi 采用片上谐振器滤波并增加测量点数将频率分辨率提升至 23.4 kHz[60]；美国海军实验室的 Román 等采用该技术获得了光纤布拉格光栅的幅度和相位响应 [53]；西班牙纳瓦拉公立大学 Loayssa 等采用该方法测得了不同泵浦光功率时，光纤受激布里渊散射 (stimulated Brillouin scattering, SBS) 增益谱的幅度和相位响应 [54]，该研究团队还结合光偏振分集方法，测量出了光纤布拉格光栅的平均偏振群时延、偏振相关损耗和偏振模色散等偏振参数 [61,62]。

综上所述，单边带扫频光矢量分析技术是实现光子器件和芯片高分辨率多维频谱响应测量的有效途径，有望形成仪器，在实际应用中推广。

1.4 本书的主要内容和特点

本书系统介绍了高分辨率光矢量分析技术的基本理论和主要进展，重点讨论三种典型的高分辨率光矢量分析技术，全书分为 7 章。

第 1 章简述了光矢量分析的概念、意义及其发展概况。

第 2 章至第 4 章详细介绍单边带扫频光矢量分析技术，包括基本原理、测量范围拓展方法、测量误差分析和误差消除技术等。

第 5 章主要介绍基于非对称双边带扫频光矢量分析技术，包括基本原理、移频载波镜像边带误差分析、非对称双边带的实现方式和性能提升技术。

第 6 章主要介绍边带调控双边带扫频光矢量分析技术，包括基本原理、实现方式和误差模型建立与分析。

第 7 章介绍若干面向特定应用的高分辨率光矢量分析技术，包括时域光矢量分析技术、基于线性调频的超快光矢量分析技术和快速高精度光时延测量。

第 2 章　单边带扫频光矢量分析的原理与实现方式

单边带扫频光矢量分析技术通过光单边带电光调制，将光域的波长扫描转至电域进行，受益于电域高精细的频率扫描和频谱分析技术，可实现高分辨率的光器件矢量响应测量。理论上，采用超窄线宽的激光器 (线宽可低至亚赫兹) 和超高精细的微波扫频源，该方法的频率分辨率可达赫兹甚至亚赫兹量级。虽然单边带扫频光矢量分析技术拥有极高的测量分辨率，但由于微波器件和光电器件相对较窄的工作带宽，测量范围一般较小。采用可调谐光源可有效拓展其测量范围，但受限于可调谐光源较低的波长精度和稳定度 (一般为皮米量级)，测量分辨率将会急剧恶化。因而，采用可调谐激光器难以使单边带扫频光矢量分析技术同时具备宽带和高分辨率的测量能力。

本章首先介绍基于光单边带扫频的高分辨率光矢量分析技术的基本原理，阐明其实现高分辨率光矢量分析的机理；然后分类介绍光单边带调制的主要实现方法，分析其扫频范围、边带抑制比 (sideband suppression ratio, SSR) 等对光矢量分析相关参数的影响；最后介绍基于光频梳通道化测量的测量范围拓展技术，分析其实现宽带、高分辨测量的原理，并进行实验验证。

2.1　单边带扫频光矢量分析的原理

图 2.1 为单边带扫频光矢量分析的原理框图。其中，光源产生幅度为 E_c 和角频率为 ω_c 的光载波信号，其数学表达式可写为

$$E_c(t) = E_c \exp(i\omega_c t) \tag{2.1}$$

微波扫频源输出幅度为 E_e 和角频率为 ω_e 的微波扫频信号，其表达式为

$$E_e(t) = E_e \exp(i\omega_e t) \tag{2.2}$$

单边带调制器将微波扫频源输入的微波扫频信号调制到光载波，生成光单边带扫频信号，用作探测光信号。所生成的光单边带信号可写为

$$E_{\text{SSB}}(t) = E_0 \exp(i\omega_c t) + E_{+1} \exp[i(\omega_c + \omega_e)t] \tag{2.3}$$

其中，E_0 和 E_{+1} 分别是光单边带扫频信号光载波和扫频边带的复幅度。

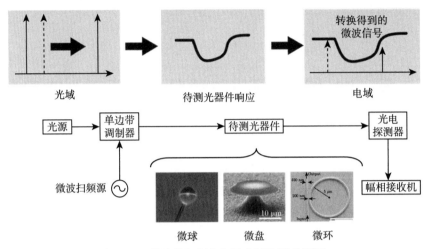

图 2.1   单边带扫频光矢量分析的原理框图

经待测光器件时，光单边带扫频信号的光载波和扫频边带受到待测光器件传输函数的作用，其幅度和相位发生相应的变化，从而携带上待测光器件的多维频谱响应信息。此时，光信号可以写为

$$E_{\text{T}}(t) = E_0 H(\omega_{\text{c}}) \exp(\text{i}\omega_{\text{c}}t) + E_{+1} H(\omega_{\text{c}} + \omega_{\text{e}}) \exp\left[\text{i}(\omega_{\text{c}} + \omega_{\text{e}})t\right] \qquad (2.4)$$

其中，$H(\omega) = H_{\text{DUT}}(\omega)H_{\text{sys}}(\omega)$ 是待测光器件和测量系统的联合响应，$H_{\text{DUT}}(\omega)$ 和 $H_{\text{sys}}(\omega)$ 分别是待测光器件和测量系统的传输函数。

光电探测器对式 (2.4) 的光单边带信号进行平方律检波，将所携带的多维频谱响应信息转换至电域，输出角频率为 ω_{e} 的光电流分量，其电场表达式为

$$\begin{aligned} i(t) &= \eta(\omega_{\text{e}}) E_{\text{T}}(t) E_{\text{T}}^*(t) \\ &= \eta(\omega_{\text{e}}) E_{+1} E_0^* H(\omega_{\text{c}} + \omega_{\text{e}}) H^*(\omega_{\text{c}}) \exp(\text{i}\omega_{\text{e}}t) \end{aligned} \qquad (2.5)$$

其中，$\eta(\omega_{\text{e}})$ 是光电探测器的传输函数。

采用傅里叶变换可以得到光电流的频域表达式

$$i(\omega_{\text{e}}) = 2\pi\eta(\omega_{\text{e}}) E_{+1} E_0^* H(\omega_{\text{c}} + \omega_{\text{e}}) H^*(\omega_{\text{c}}) \qquad (2.6)$$

为了消除测量系统传输函数 (即 $H_{\text{sys}}(\omega)$) 对测量结果的影响，对系统进行直通校准：将两个光测量端口直接相连，即 $H_{\text{DUT}}(\omega) = 1$。此时，光电探测器输出的光电流为

$$i_{\text{Cal}}(\omega_{\text{e}}) = 2\pi\eta(\omega_{\text{e}}) E_{+1} E_0^* H_{\text{sys}}(\omega_{\text{c}} + \omega_{\text{e}}) H_{\text{sys}}^*(\omega_{\text{c}}) \qquad (2.7)$$

由式 (2.6) 和式 (2.7) 可得待测光器件的传输函数为

$$H_{\mathrm{DUT}}(\omega_{\mathrm{c}} + \omega_{\mathrm{e}}) = \frac{i(\omega_{\mathrm{e}})}{i_{\mathrm{Cal}}(\omega_{\mathrm{e}})} \cdot \frac{1}{H_{\mathrm{DUT}}^*(\omega_{\mathrm{c}})} \tag{2.8}$$

其中，$H_{\mathrm{DUT}}(\omega_{\mathrm{c}})$ 是待测光器件在光载波处的频谱响应，是可测得的复常数。扫描微波扫频源的频率，同时提取光电探测器所输出光电流的幅度和相位信息，即可得到待测光器件的幅度和相位响应。引入偏振控制和偏振分集器件，测量待测光器件在多个偏振态上的幅度和相位响应，即可构建待测光器件的琼斯矩阵，根据琼斯矩阵可推演出光器件的偏振相关损耗、差分群时延、偏振模色散等偏振参数。

2.2 光单边带调制的实现方法

光单边带调制是实现单边带扫频光矢量分析的关键，其带宽和边带抑制比直接影响着测量系统的性能。近年来，光单边带调制技术由于能够支撑高光谱效率和抗光纤色散传输得到了广泛的关注，不断有新的光单边带调制技术被报道出来。传统电光调制，无论强度调制、相位调制还是偏振调制，都会在光载波左右产生对称的边带，要想打破该对称性实现光单边带调制，主要有两类方法：移相对消法和光滤波法。下面进行详细介绍。

2.2.1 移相对消法

移相对消法通过生成两路双边带电光调制信号，对其中一路信号中的不同分量引入不同的相位，使两路信号合并时，一个边带被完全对消，而另一个边带和载波得以保留，从而实现光单边带信号的产生。

上述过程通常采用双驱动马赫-曾德尔调制器 (Mach-Zehnder modulator, MZM) 实现，其原理框图如图 2.2 所示 [63,64]。双驱动马赫-曾德尔调制器可等效为一个光干涉仪，其中两个臂各放置一个电光相位调制器。激光器输出的光载

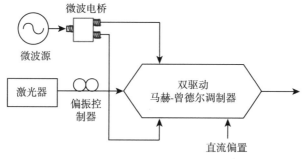

图 2.2　移相对消法原理图

波信号连接至双驱动马赫-曾德尔调制器的光输入端口；微波电桥将微波源输出的微波信号分成功率相等、相位差为 φ 的两路，分别馈送至双驱动马赫-曾德尔调制器的两个射频输入端口，实现两路相位调制；在直流偏置端口加以适当的直流偏置电压，使双驱动马赫-曾德尔调制器上下两个调制臂之间引入恒定的相位差 ϕ_0。

假设激光器输出的光载波表达式为 $E_c\exp(\mathrm{i}\omega_c t)$，双驱动马赫-曾德尔调制器输出的光调制信号可用以下表达式表示：

$$E(t) = E_c \exp(\mathrm{i}\omega_c t) \left\{ \exp\left[\mathrm{i}\beta_1 \cos\left(\omega_e t + \varphi\right)\right] + \exp\left[\mathrm{i}\beta_2 \cos\left(\omega_e t\right) + \mathrm{i}\phi_0\right] \right\} \quad (2.9)$$

其中，β_1 和 β_2 分别是双驱动马赫-曾德尔调制器上下两个臂的相位调制系数，ω_e 是微波信号的角频率。根据雅可比-安格尔展开式，式 (2.9) 可改写为

$$
\begin{aligned}
E(t) &= \sum_{m=-\infty}^{\infty} E_c \mathrm{i}^m \left\{ \mathrm{J}_m(\beta_1) \exp\left[\mathrm{i}\left(\omega_c + m\omega_e\right) t + \mathrm{i}m\varphi\right] \right. \\
&\quad \left. + \mathrm{J}_m(\beta_2) \exp\left[\mathrm{i}\left(\omega_c + m\omega_e\right) t + \mathrm{i}\phi_0\right] \right\} \\
&= \sum_{m=-\infty}^{\infty} E_c \mathrm{i}^m \exp\left[\mathrm{i}(\omega_c + m\omega_e)t\right] \left[\mathrm{J}_m(\beta_1) \exp\left(\mathrm{i}m\varphi\right) + \mathrm{J}_m(\beta_2) \exp\left(\mathrm{i}\phi_0\right)\right]
\end{aligned}
$$
$$(2.10)$$

其中，$\mathrm{J}_m(\beta)$ 是第一类贝塞尔函数第 m 阶系数。对于光单边带信号，-2 阶、-1 阶、0 阶 (光载波)、$+1$ 阶和 $+2$ 阶边带是最为重要的边带，更高阶边带一般幅度较小，可以忽略。因而，式 (2.10) 可简化为

$$E_{-2}(t) = E_c \exp\left(\mathrm{i}\pi\right) \left[\mathrm{J}_2(\beta_1) \exp\left(-\mathrm{i}2\varphi\right) + \mathrm{J}_2(\beta_2) \exp\left(\mathrm{i}\phi_0\right)\right] \exp\left[\mathrm{i}\left(\omega_c t - 2\omega_e t\right)\right]$$

$$E_{-1}(t) = E_c \exp\left(\mathrm{i}\frac{\pi}{2}\right) \left[\mathrm{J}_1(\beta_1) \exp\left(-\mathrm{i}\varphi\right) + \mathrm{J}_1(\beta_2) \exp\left(\mathrm{i}\phi_0\right)\right] \exp\left[\mathrm{i}\left(\omega_c t - \omega_e t\right)\right]$$

$$E_0(t) = E_c \left[\mathrm{J}_0(\beta_1) + \mathrm{J}_0(\beta_2) \exp\left(\mathrm{i}\phi_0\right)\right] \exp\left(\mathrm{i}\omega_c t\right)$$

$$E_{+1}(t) = E_c \exp\left(\mathrm{i}\frac{\pi}{2}\right) \left[\mathrm{J}_1(\beta_1) \exp\left(\mathrm{i}\varphi\right) + \mathrm{J}_1(\beta_2) \exp\left(\mathrm{i}\phi_0\right)\right] \exp\left[\mathrm{i}\left(\omega_c t + \omega_e t\right)\right]$$

$$E_{+2}(t) = E_c \exp\left(\mathrm{i}\pi\right) \left[\mathrm{J}_2(\beta_1) \exp\left(\mathrm{i}2\varphi\right) + \mathrm{J}_2(\beta_2) \exp\left(\mathrm{i}\phi_0\right)\right] \exp\left[\mathrm{i}\left(\omega_c t + 2\omega_e t\right)\right]$$
$$(2.11)$$

这些边带的光功率分别为

$$P_{-2} = E_c^2 \left[\mathrm{J}_2^2(\beta_1) + \mathrm{J}_2^2(\beta_2) + 2\mathrm{J}_2(\beta_1)\mathrm{J}_2(\beta_2) \cos\left(2\varphi + \phi_0\right)\right]$$

$$P_{-1} = E_c^2 \left[\mathrm{J}_1^2(\beta_1) + \mathrm{J}_1^2(\beta_2) + 2\mathrm{J}_1(\beta_1)\mathrm{J}_1(\beta_2) \cos\left(\varphi + \phi_0\right)\right]$$

$$P_0 = E_c^2 \left[\mathrm{J}_0^2(\beta_1) + \mathrm{J}_0^2(\beta_2) + 2\mathrm{J}_0(\beta_1)\mathrm{J}_0(\beta_2) \cos\left(\phi_0\right)\right] \quad (2.12)$$

$$P_{+1} = E_c^2 \left[J_1^2(\beta_1) + J_1^2(\beta_2) + 2J_1(\beta_1)J_1(\beta_2) \cos(\varphi - \phi_0) \right]$$

$$P_{+2} = E_c^2 \left[J_2^2(\beta_1) + J_2^2(\beta_2) + 2J_2(\beta_1)J_2(\beta_2) \cos(2\varphi - \phi_0) \right]$$

由式 (2.12) 可知，要实现抑制 -1 阶边带的光单边带调制，需满足以下条件：

$$\begin{cases} \beta_1 = \beta_2 \\ \cos(\varphi + \phi_0) = -1 \end{cases} \qquad \begin{cases} \beta_1 = \beta_2 \\ \cos(\varphi - \phi_0) = -1 \end{cases} \tag{2.13}$$

根据式 (2.13)，对于任意微波相位差 φ，都可以找到对应的直流偏置相位差 ϕ_0 实现单边带调制。由于 $90°$ 微波电桥较易实现，人们一般用其实现微波馈电。此时，两路微波信号的相位差 $\varphi = 90°$。将直流偏置引入的相位差设置为 $\phi_0 = 90°$（或 $-90°$）即可抑制 -1 阶边带（或 $+1$ 阶边带），实现光单边带调制。对于 $90°$ 移相的光单边带调制，由于 $+2$ 阶（抑制 -1 阶边带光单边带）与 $+1$ 阶边带拍频会带来误差，本书提出了基于 $120°$ 移相的光单边带调制方法：通过使两路微波信号的相位差 $\varphi = 120°$、直流偏置引入的相位差 $\phi_0 = 60°$（或 $120°$），可实现同时抑制 -1 和 $+2$ 阶边带（或 $+1$ 和 -2 阶边带）的光单边带调制 [64]。移相对消法对光波长是透明的，可以在任意波长处实现光单边带调制。

采用更为复杂的双平行马赫-曾德尔调制器可以实现光载波和边带功率比可调的光单边带调制 [65]。理论分析、仿真及实验结果表明，当光载波边带比为 0 dB（即载波与边带具有相同功率的情况下），在接收端接收到的微波信号具有最大功率。并联两个双平行马赫-曾德尔调制器的光单边带调制技术，可完全抑制不需要的高阶边带，尤其是 ± 2 阶边带 [66]。需要指出的是，基于电光调制器调制得到的光单边带信号边带抑制比主要取决于调制器的消光比（典型值为 20 dB），因而，单边带信号的边带抑制比一般小于 20 dB。尽管采用高消光比的电光调制器有望提升边带抑制比，然而受限于两路微波信号功率平衡度、相位差准确度、直流偏置点精确度等因素，实际提升效果十分有限。

2.2.2 光滤波法

光滤波法采用光滤波器件对双边带电光调制信号进行滤波，选出光载波和一个一阶边带，或滤除一个一阶边带，从而得到光单边带信号，如图 2.3 所示。该方法原理较为简单，其中所产生单边带信号的边带抑制比等关键参数主要依赖光滤波器的带外抑制比等性能。

光纤布拉格光栅 (fiber Bragg grating, FBG) 是常用的光纤滤波器件，常用于光单边带信号的产生。为了抑制光双边带信号中由于电光非线性引入的高阶边带，通常采用具有两个通带的光纤布拉格光栅滤出光载波和一个一阶调制边带，输出光单边带信号，如图 2.4 所示。采用具有两个通带的等效相移光纤布拉格光栅

(equivalent phase shift fiber Bragg grating, EPS-FBG) 滤波得到的光单边带信号的边带抑制比可达 23.1 dB, 高阶边带也可得到较好的消除 [67]。然而, 由于两个通带是固定的, 该方法获得的单边带信号难以实现频率扫描。若采用均匀光纤布拉格光栅的反射谱 (带通滤波) 同时滤出光载波与一个边带, 可以得到光单边带扫频信号, 但反射谱也会反射高阶边带且边带抑制比十分有限 [68]。通过改变电光调制深度或采用不同反射率的光纤布拉格光栅可控制载波与边带的功率比; 把光栅刻在保偏光纤上, 由于光纤两个正交偏振轴上的折射率不同, 不同偏振方向上的滤波特性不同, 该效应可以用于实现载波边带比可调的光单边带信号 [69]。

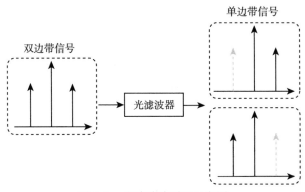

图 2.3   光滤波法原理示意图

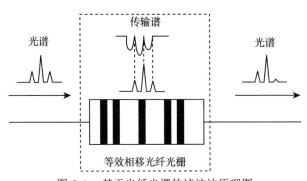

图 2.4   基于光纤光栅的滤波法原理图

研究人员采用超紧凑光子晶体环形带通滤波器, 实现了应用于 60 GHz 频段光载无线 (radio over fiber, RoF) 系统的光单边带调制 [70]。滤除下边带时, 边带抑制比可达 20.9 dB; 滤除上边带时, 边带抑制比可达 18.6 dB。该滤波器的阻带中心波长可通过改变晶体柱的半径进行调节。基于体光栅可构建具有高阻带抑制的带通滤波器, 可实现高边带抑制比、宽频率扫描范围的光单边带信号。基于该滤波器，人们实验实现了边带抑制比大于 40 dB、扫频范围大于 40 GHz 的光单边带调制 [59]，可用于实现具有较大动态范围的单边带扫频光矢量分析。

近年来，人们不断提出新的光单边带调制技术，这些方法本质上是将电光调制与带通滤波结合在一起。例如，采用单个电吸收调制器 (electro-absorption modulator, EAM) 搭建 Sagnac 环，可实现多种调制类型的光电调制。其中得到的光单边带信号的边带抑制比可达 22 dB[71]。基于电光效应材料制作的回音壁模式 (whispering gallery mode, WGM) 谐振器也可实现光单边带调制 [72]。该光单边带调制器通过回音壁模式的两组模式，选出载波与边带，因而调制得到的光单边带信号只有载波与所需边带。通过调整耦合进 (或耦合出) 回音壁模式谐振器光信号的偏振态，即可调节光载波与边带的功率比。采用激光器注入锁定的方式也可以实现光单边带调制 [73]，且可完全抑制除所需边带外的其他边带 (包括光载波)。该单边带调制技术具有调谐响应速度快 ($\sim$100 μs)、边带抑制比高 ($\sim$60 dB) 以及边带功率极其稳定等优点，但其调谐范围仅为 $\sim$1 GHz。采用受激布里渊散射技术，在 5$\sim$40 GHz 范围内可实现边带抑制比为 65 dB 的光单边带调制 [74]。

2.3　测量带宽拓展技术

受益于高精细的微波频率调谐精度，单边带扫频光矢量分析可实现高分辨率多维光谱响应测量，但由于微波器件和光电子器件相对较小的带宽和光单边带调制有限的扫频范围，其测量带宽难以突破 70 GHz (约 0.6 nm@1550 nm)，远无法满足光器件上百吉赫兹甚至太赫兹测量范围的需求 [29,75]。测量带宽窄是单边带扫频光矢量分析难以实用和无法推广的重要原因，也是其仪器化亟须解决的关键问题。虽然采用可调谐光源可拓展单边带扫频光矢量分析的测量范围，但受限于可调谐激光器较差的波长精度和稳定度 (仅为皮米量级)，测量分辨率将急剧恶化，无法使其同时具备宽带、高分辨率测量能力。本节将从测量带宽拓展原理和验证实验两方面介绍基于光频梳通道化测量的带宽拓展技术。

2.3.1　宽带光谱响应测量需求

单边带扫频光矢量分析的频率分辨率理论上可达赫兹甚至亚赫兹量级，实验中已实现了 334 Hz (约 2.67 am@1550 nm) 分辨率的光矢量分析，但其测量带宽较小，无法满足光器件纳米级别测量范围的需求。例如，在超高 Q 值光谐振器 (微球、微盘和微环等) 的研制、生产和检测过程中，研究人员希望光器件测试技术能精细地测得谐振器单个谐振峰的频谱响应，同时，也希望其具有精确测量光谐振器自由光谱范围的能力 [29]。高 Q 值光谐振器谐振峰的 3 dB 带宽通常为几十飞米，甚至几飞米，而其自由频谱范围一般为纳米量级，这就要求光矢量分析技术可在较宽的频谱范围内，实现高分辨率的光矢量分析。

此外，基于高 Q 值光谐振器的光子集成芯片也要求光矢量分析技术具有宽带、高分辨率的测试能力。由于缺乏宽带、高分辨率光矢量分析技术，研究人员只能采用低分辨率标量分析技术对该光子芯片进行幅度响应测量 (测量范围为 2 nm)，采用曲线拟合的方式获取各级联微环谐振器精细的响应，两种方法所测得微环的幅度响应具有明显区别，这是由于两种光标量分析技术分辨率不同，较高分辨率光标量分析技术测得的幅度响应可更加精细地反映待测光器件的频谱响应特性。然而，当前高分辨率光器件测试技术，尤其是高分辨率光矢量分析技术，测量范围都较小，无法满足宽带光子器件和集成芯片的测试需求，如上述纳米级工作带宽光子集成芯片的测试。高精细光子器件和光子集成芯片的研制、检测与应用，需要宽带、高分辨率光矢量分析技术作为支撑。

2.3.2　光频梳通道化测量方法

图 2.5 是光频梳通道化测量的原理框图。该宽带光矢量分析系统主要由两部分组成：基于光频梳的光载波产生单元和单边带扫频光矢量分析单元。

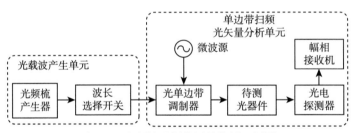

图 2.5　　光频梳通道化测量的原理框图

基于光频梳的光载波产生单元由光频梳产生器和波长选择开关组成：光频梳产生器输出具有固定频率间隔的光频梳信号，波长选择开关依次选取各个梳齿作为光载波输入到单边带扫频光矢量分析单元，用于测量待测光器件在相应子频带内的频谱响应。

单边带扫频光矢量分析单元主要由光单边带调制器、微波源、光电探测器和幅相接收机组成：光单边带调制器将微波源输出的微波信号调制到光载波产生单元输出的光载波上，生成光单边带信号并送至待测光器件的光输入端口；经待测光器件传输时，光单边带信号载波与边带的幅度和相位根据其传输函数发生相应改变；光电探测器接收待测光器件输出的光信号，并对其进行平方律检波，将所携带的待测光器件频谱响应信息转换到电域；幅相接收机以微波源输出的信号为参考，提取光电探测器输出微波信号的幅度和相位信息；最后，控制微波扫频源进行频率扫描，实现光单边带信号的波长扫描，进而得到待测光器件在相应子频带内的频谱响应。类似地，采用上述方法亦可测得待测光器件在其他子频带内的频谱响应。

得益于光频梳梳齿高精度的频率间隔，可在不降低频率分辨率的前提下，整合多个相邻子频带内的频谱响应，得到待测光器件宽带、高分辨率的频谱响应。此外，由于待测光器件在相邻子频带交叠区域的频谱响应必然是相同的，因而，在频谱整合时可消除光频梳相邻梳齿幅度和相位差异带来的影响。

根据上述原理，若采用具有 n 根梳齿的光频梳，即可在 $(n-1) \times \Delta\omega + \Delta\omega_e$ 频率范围内对待测光器件进行高分辨率的光矢量分析。其中，$\Delta\omega$ 是光频梳信号梳齿间的频率间隔；$\Delta\omega_e$ 是单通道光矢量分析系统的频率测量范围。需要指出的是，为了实现多个相邻子频带内频谱响应的无缝衔接，$\Delta\omega_e$ 必须大于等于 $\Delta\omega$。

当前，基于级联偏振调制器可以产生具有 25 根平坦梳齿的光频梳，梳齿平坦度小于 1 dB[76]。基于循环移频器产生的光频梳梳齿数量可达 70 个，梳齿平坦度小于 2 dB，信噪比大于 45 dB，且长期稳定性良好 [77,78]。若循环移频器的移频量为 50 GHz，则可生成梳齿频率间隔为 50 GHz、频谱范围覆盖 28 nm 的光频梳信号。此外，基于法布里-珀罗腔 (Fabry-Perot cavity) 调制增强原理可进一步提高高速调制器的调制效率，实现小型化的光频梳产生模块，产生宽带、高平坦的光频梳信号。基于该原理，市场上已有光频梳调制器商业化产品，即日本 Optical Comb 公司推出的型号为 WTEC-01-25 的光频梳调制器，其可输出梳齿间隔为 25 GHz，频谱覆盖范围达 10 THz (约 80 nm) 的光频梳信号。此外，还有多种宽带、高平坦的光频梳产生技术 [79−81]。

因此，基于光频梳通道化测量的带宽拓展技术可使单边带扫频光矢量分析拥有宽带、高分辨率的测量能力，测量范围可覆盖整个 C 波段 (1530∼1565 nm)，满足光器件的宽带、高分辨率测试需求。

2.3.3 光频梳通道化测量的实验验证

本节将介绍光频梳通道化测量的验证实验，该实验验证了上述测量带宽拓展技术的可行性。原理验证实验采用基于偏振调制器 (polarization modulator, PolM) 的光频梳产生方案，所生成的梳齿频率间隔为 20 GHz，梳齿数为 5，可支持单边带扫频光矢量分析技术在 105 GHz 频率范围内以 1 MHz 的分辨率实现幅度和相位响应测量 [82]。

图 2.6 为基于光频梳通道化测量的宽带光矢量分析系统实验框图。在基于光频梳的光载波产生单元中，可调谐激光器 (N7714A) 输出功率为 16 dBm 的光载波信号，该光信号在偏振调制器中受到微波信号的调制，生成光频梳。其中，偏振调制器的带宽为 40 GHz，半波电压为 3.5 V @ 1 GHz；微波信号由微波矢量信号发生器 (E8267D) 产生，频率为 20 GHz。为确保偏振调制器工作于适当的调制系数，采用高功率微波放大器 (83020A) 对微波信号源输出的微波信号进行

放大。通过调节级联于偏振调制器前后的两个偏振控制器, 在检偏器的输出端得到具有 5 根梳齿且梳齿频率间隔为 20 GHz 的光频梳信号 [76]。而后, 采用美国菲尼萨 (Finisar) 公司的 WaveShaper 4000S 形成窄带可调谐光带通滤波, 逐一滤出每一根梳齿。在单边带扫频光矢量分析单元中, 50 GHz 微波矢量网络分析仪 (Agilent N5245A), 用作可调谐微波源 (提供微波扫频信号) 与幅相接收机 (提取光电探测器输出微波信号的幅度和相位)。光单边带调制器将微波矢量网络分析仪输出的微波扫频信号调制到光载波产生单元输出的光载波上, 生成光单边带扫频信号。其中, 光单边带调制器由美国 EOSPACE 公司推出的 40 GHz 相位调制器 (phase modulator, PM) 与另一个边带陡峭度为 500 dB/nm 的可调谐光带通滤波器 (Yenista XTM-50) 组成。光电探测器 (U^{2}T XPD2150R) 采用平方律检波的方式将光信号转换成微波信号, 并由微波矢量网络分析仪提取该微波信号的幅度和相位信息。该光电探测器的带宽为 50 GHz, 响应系数为 0.65 A/W。实验装置各处的光谱由 0.02 nm 分辨率的光谱仪 (Yokogawa AQ6370C) 监测。

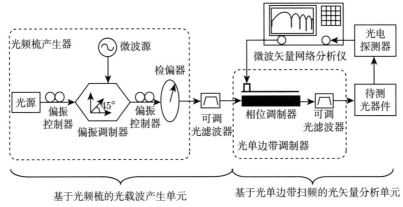

图 2.6   基于光频梳通道化测量的宽带光矢量分析系统实验框图

调节光频梳产生单元中的偏振控制器 PC1, 使入射光的偏振态与偏振调制器的 45° 轴对齐。此时, 偏振调制器输出光信号具有最大光功率。微波源所输出频率为 20 GHz 的微波信号, 经微波放大器放大后输至偏振调制器, 使其工作在合适的调制系数; 调节控制器 PC2, 即调整偏振调制器输出光调制信号与检偏器的夹角, 得到具有 5 根梳齿, 梳齿间隔为 20 GHz 的光频梳, 如图 2.7 所示。理论上, 该光频梳调制方案可产生 5 根完全平坦, 即平坦度为 0 dB 的光频梳信号。然而, 受限于微波源输出信号功率的准确度、PC2 的调谐精度, 无法得到理想的完全平坦光频梳信号。实验中采用该方法得到的光频梳平坦度为 0.39 dB, 边模抑制比为 13.09 dB。

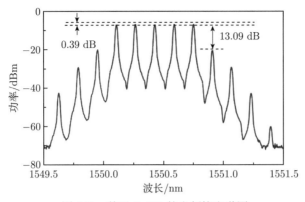

图 2.7 基于 PolM 的光频梳光谱图

实验采用 WaveShaper 4000S 逐一滤出光频梳信号的 5 根梳齿，作为 5 个子频带的光载波。图 2.8 为滤出的光载波光谱图。WaveShaper 4000S 带内插损随中心波长变化有较小的波动，因而，WaveShaper 4000S 逐一滤出的 5 个光载波功率平坦度将恶化到 1.73 dB。受益于 WaveShaper 4000S 较高的边带陡峭度，所滤出的各光载波边模抑制比大于 39.17 dB。

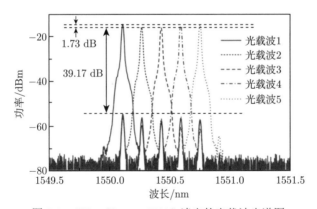

图 2.8 WaveShaper 4000S 滤出的光载波光谱图

图 2.9 是采用上述 5 个具有固定频率间隔光载波所测得光纤布拉格光栅的幅度和相位响应。采用 5 个光载波，分别在对应的 5 个连续子频带内测量光纤布拉格光栅的幅度和相位响应。对于每个子频带，测量分辨率为 1 MHz，测量范围为 25 GHz (偏离光载波 10~35 GHz)。由于通道间隔为 20 GHz，每两个相邻子频带之间会有 5 GHz 的交叠区域 (即图 2.9 中阴影区)。例如，子频带 1 与子频带 2 之间的阴影区为偏离子频带 1 光载波 30~35 GHz 测量范围与偏离子频带 2 光载波 10~15 GHz 测量范围的交叠。得益于相邻光载波具有固定的频率间隔这

一特性，交叠区中两个频带内测得的幅度和相位响应曲线完全交叠，如图 2.9(a) 插图所示。在交叠区域中，通过算法可将两个相邻子频带内的曲线进行高精度整合，得到宽带、高分辨率的频谱响应。通过上述频谱整合技术，实验成功地在 105 GHz 频率范围内，以 1 MHz 的分辨率获得了光纤布拉格光栅的幅度和相位响应。需要说明的是，在交叠区域中，两相邻子频带测得的频谱响应是完全相同的，因而，各光载波幅度和相位的不一致性可在频谱整合时通过算法消除。

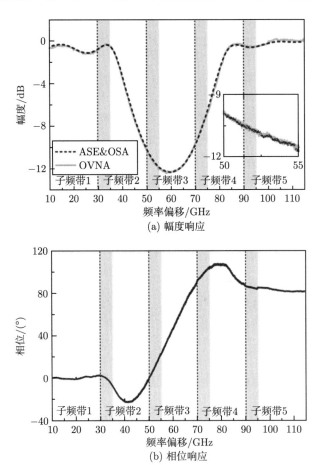

(a) 幅度响应

(b) 相位响应

图 2.9　实验测得的光纤布拉格光栅频率响应

ASE&OSA 是光谱法测量结果，OVNA 是光矢量分析方法结果

采用更多梳齿和更宽频率间隔的光频梳，即可实现更宽频率范围的光器件测量，若采用 Optical Comb 公司推出的光频梳调制器，即可实现覆盖整个 C 波段的光器件频谱响应测量。

2.4　本章小结

本章介绍了单边带扫频光矢量分析的基本原理，阐明了实现高分辨率光矢量分析的机理，包括光单边带扫频信号高精细泵浦待测光器件频谱响应的机理、电光转换后提取光电流所携带待测光器件多维频谱响应的方法。分类介绍了现有的光单边带调制技术，分析了其扫频范围、边带抑制比等与单边带扫频光矢量分析性能的关系；讨论了采用偏振分集实现高分辨率偏振响应和偏振参数测量的方法。

针对单边带扫频光矢量分析测量范围小的问题，提出了基于光频梳通道化测量的测量范围拓展技术。该测量范围拓展技术采用光频梳将测量频带划分成若干个子通道，然后采用单边带扫频光矢量分析技术测得各子通道内光器件的响应，最后通过频谱拼接算法整合各子通道内的测量曲线，从而得到宽带高分辨率的多维频谱响应。得益于成熟的光频梳产生技术，该测量范围拓展技术可在不恶化频率分辨率的前提下，将单边带扫频光矢量分析的测量范围拓展至 C 波段。

第 3 章　单边带扫频光矢量分析的测量误差

采用光单边带扫频信号可精确测得待测光器件的多维频率响应,然而受限于电光转换器件的转换机理和硬件不理想性,理想的光单边带调制难以获得。现有的光单边带调制技术在应用于单边带扫频光矢量分析时主要存在两方面的问题:其一,受限于电光调制器有限的消光比,难以完全抑制其中一个一阶边带,这必将引入测量误差并限制动态范围[83,84];其二,电光转换是一个非线性过程,光单边带信号中必然存在众多的高阶边带,从而引入测量误差,影响测量精度[85]。

针对上述光单边带调制不理想对光矢量分析的影响,本章将采用理论分析、数值仿真和实验验证相结合的方式研究残留镜像边带与高阶非线性边带对光矢量分析动态范围、测量精确度等性能的影响。首先建立单边带扫频光矢量分析的误差解析模型,然后仿真分析镜像边带和高阶边带对光矢量分析准确度与动态范围的影响,最后通过实验验证理论和仿真分析结果的正确性。本章的研究成果可为高精度、大动态范围光矢量分析系统的构建提供指导。

3.1　残留镜像边带影响分析

理论上,采用理想光单边带扫频信号 (即仅存在光载波和扫频边带),基于光单边带扫频的光矢量分析可实现待测光器件多维频谱响应的高精度、大动态测量。然而,实际的光单边带扫频信号边带抑制比是有限的,残留的镜像边带会引入测量误差,恶化光矢量分析的准确度。图 3.1 是光单边带扫频信号测量带阻光器件原理示意图。从图中可以看出,在测量通带响应时,由于残留镜像边带远小于扫频边带,边带抑制比一般大于 20 dB,因而其引入的测量误差较小,可忽略。然而,在测量带阻光器件时,扫频边带受阻带抑制,其功率接近甚至小于残留镜像边带,此时镜像边带将引入极大的测量误差,恶化光矢量分析的精度,降低测量系统的动态范围,进而无法准确获得阻带处的频谱响应。

此外,残留镜像边带引入的测量误差不但与测量系统本身有关,还与待测光器件有关。一方面,光单边带扫频信号经过待测光器件传输时,残留镜像边带和扫频边带的幅度和相位受到待测光器件的作用发生改变,导致测量不同光器件时实际引入的测量误差是不同的;另一方面,镜像边带引入的误差分量和扫频边带产生的信号分量是携带幅相信息的复数,输出信号是两者的和,这使得扫频边带和镜像边带不同相位关系将引入不同的测量误差。因此，镜像边带对测量结果的影响需要进行深入分析。

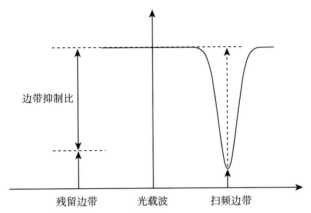

图 3.1 光单边带扫频信号测量带阻光器件原理示意图

3.1.1 残留镜像边带误差的解析分析

光单边带调制器将微波源输出的微波信号调制到光源输出的光载波上，生成光单边带信号。将微波信号功率设置在合适的值，使电光调制器工作在小调制系数情况下，忽略高阶边带的影响。此时，光单边带信号的数学表达式为

$$E_{\mathrm{SSB}}(t) = E_{-1} \exp\left[i\left(\omega_{\mathrm{c}} - \omega_{\mathrm{e}}\right)t\right] + E_0 \exp\left(i\omega_{\mathrm{c}}t\right) + E_{+1} \exp\left[i\left(\omega_{\mathrm{c}} + \omega_{\mathrm{e}}\right)t\right] \quad (3.1)$$

其中，ω_{c} 和 ω_{e} 分别为光载波和微波扫频信号的角频率；E_{-1}、E_0 和 E_{+1} 分别为残留镜像边带、光载波和扫频边带的复幅度。一般而言，光单边带信号的边带抑制比大于 20 dB，即 $|E_{+1}|/|E_{-1}| > 20$ dB。

该光单边带扫频信号经待测光器件传输时，光载波、镜像边带和扫频边带受到待测光器件传输函数的作用，幅度和相位发生相应的变化。经待测光器件传输后，光单边带信号的表达式为

$$E(t) = E_{-1} H\left(\omega_{\mathrm{c}} - \omega_{\mathrm{e}}\right) \exp\left[i\left(\omega_{\mathrm{c}} - \omega_{\mathrm{e}}\right)t\right] + E_0 H\left(\omega_{\mathrm{c}}\right) \exp\left(i\omega_{\mathrm{c}}t\right)$$
$$+ E_{+1} H\left(\omega_{\mathrm{c}} + \omega_{\mathrm{e}}\right) \exp\left[i\left(\omega_{\mathrm{c}} + \omega_{\mathrm{e}}\right)t\right] \quad (3.2)$$

其中，$H(\omega) = H_{\mathrm{DUT}}(\omega) H_{\mathrm{sys}}(\omega)$ 是待测光器件和测量系统的联合响应，$H_{\mathrm{DUT}}(\omega)$ 和 $H_{\mathrm{sys}}(\omega)$ 分别是待测光器件和测量系统的传输函数。

光电探测器接收经待测光器件传输后的光单边带信号并进行平方律检波，将所携的多维频谱响应信息转换至电域。微波幅相接收机接收光电流中角频率为 ω_{e}

的光电流分量，并提取其幅度和相位信息。该电流分量可表示为

$$i_{\omega_e}(t) = \eta(\omega_e) E_0 E_{-1}^* H(\omega_c) H^*(\omega_c - \omega_e) \exp(i\omega_e t)$$
$$+ \eta(\omega_e) E_{+1} E_0^* H(\omega_c + \omega_e) H^*(\omega_c) \exp(i\omega_e t) \tag{3.3}$$

其中，$\eta(\omega_e)$ 是光电探测器的传输函数。

该光电流分量仅含有角频率为 ω_e 的分量，而测量中也仅关心该分量的幅度和相位信息，因而将该光电流写为频域表达式更为简单。采用傅里叶变换可以得到该光电流的频域表达式

$$i(\omega_e) = 2\pi\eta(\omega_e) \left[E_0 E_{-1}^* H(\omega_c) H^*(\omega_c - \omega_e) + E_{+1} E_0^* H(\omega_c + \omega_e) H^*(\omega_c) \right] \tag{3.4}$$

从式 (3.4) 可知，等号右侧第一部分为残留镜像边带引入的测量误差分量，第二部分为携带待测光器件传输函数信息的光电流分量，总体光电流为两个复数的和。因而，微波幅相接收机所提取的幅度和相位信息包含镜像边带引入的测量误差。

对测量系统进行直通校准：将两个光测量端口直接相连，即 $H_{\text{DUT}}(\omega) = 1$。此时，光电探测器输出的光电流为

$$i_{\text{Cal}}(\omega_e)$$
$$= 2\pi\eta(\omega_e) \left[E_0 E_{-1}^* H_{\text{sys}}(\omega_c) H_{\text{sys}}^*(\omega_c - \omega_e) + E_{+1} E_0^* H_{\text{sys}}(\omega_c + \omega_e) H_{\text{sys}}^*(\omega_c) \right] \tag{3.5}$$

由于测量系统的传输函数 $|H_{\text{sys}}(\omega)|$ 是缓变量且光单边带信号的边带抑制比大 ($|E_{+1}|/|E_{-1}| > 20$ dB)，镜像边带引入的测量误差远小于信号分量，即

$$E_0 E_{-1}^* H_{\text{sys}}(\omega_c) H_{\text{sys}}^*(\omega_c - \omega_e) \ll E_{+1} E_0^* H_{\text{sys}}(\omega_c + \omega_e) H_{\text{sys}}^*(\omega_c) \tag{3.6}$$

此时，镜像边带引入的测量误差可忽略，因而，式 (3.5) 可简化为

$$i_{\text{Cal}}(\omega_e) = 2\pi\eta(\omega_e) E_{+1} E_0^* H_{\text{sys}}(\omega_c + \omega_e) H_{\text{sys}}^*(\omega_c) \tag{3.7}$$

根据式 (3.4) 和式 (3.7)，所测得的待测光器件传输函数为

$$H_{\text{DUT,Meas}}(\omega_c + \omega_e) = \frac{i(\omega_e)}{i_{\text{Cal}}(\omega_e)} \cdot \frac{1}{H_{\text{DUT}}^*(\omega_c)}$$
$$= H_{\text{DUT}}(\omega_c + \omega_e) + \frac{E_0 E_{-1}^* H(\omega_c) H^*(\omega_c - \omega_e)}{E_{+1} E_0^* H_{\text{sys}}(\omega_c + \omega_e) H^*(\omega_c)} \tag{3.8}$$

式 (3.8) 等号右侧第一项为待测光器件实际传输函数，第二项为残留镜像边带引入的测量误差。为直观分析边带抑制比对矢量分析结果的影响，假设待测光器件为直通器件，其传输函数为 $H_{\mathrm{DUT}}(\omega)=1$。式 (3.8) 可写为

$$H_{\mathrm{DUT,Meas}}(\omega_c + \omega_e) = 1 + \frac{E_0 E_{-1}^*}{E_{+1} E_0^*} \tag{3.9}$$

镜像边带引入的测量误差为

$$\Delta = \frac{E_0 E_{-1}^*}{E_{+1} E_0^*} \tag{3.10}$$

幅度误差为

$$\Delta_{\mathrm{Mag}} = \left| \frac{E_0 E_{-1}^*}{E_{+1} E_0^*} \right| = \left| \frac{E_{-1}}{E_{+1}} \right| = \frac{1}{\mathrm{SSR}} \tag{3.11}$$

相位误差为

$$\Delta_{\mathrm{Pha}} = \arg\left(\frac{E_0 E_{-1}^*}{E_{+1} E_0^*} \right) \tag{3.12}$$

从式 (3.11) 可以看出，残留镜像边带引入的幅度测量误差为边带抑制比的倒数。边带抑制比越大，误差越小，测得的幅度响应越精确。图 3.2 是幅度响应误

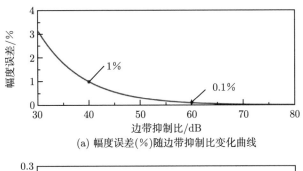

(a) 幅度误差(%)随边带抑制比变化曲线

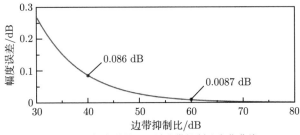

(b) 幅度误差(dB)随边带抑制比变化曲线

图 3.2　幅度响应误差随边带抑制比变化曲线

差随边带抑制比变化曲线。从图中可以看出，幅度误差随边带抑制比增大而减小。当边带抑制比为 40 dB 时，幅度测量误差为 1%，测得的幅度响应值比实际值大 0.086 dB；当边带抑制比为 60 dB 时，幅度测量误差为 0.1%，测得的幅度响应值比实际值大 0.0087 dB。

需要说明的是，上述分析假定待测光器件传输函数 $H_{\mathrm{DUT}}(\omega)=1$，相位误差为镜像边带拍频分量与扫频边带拍频分量的相位差，是一个常数，如式 (3.12) 所示。相位响应是相对变化量，因而，不存在相位测量误差。然而，实际测量中，待测光器件的幅度和相位响应是随频率变化的，因而测量结果必然存在相位误差。此外，不同频率处测得的幅度和相位所含误差也会有差异。尤其在测量阻带响应时，受到待测光器件阻带抑制的扫频边带与残留镜像边带的功率比值将急剧下降，这将使得测量结果含有十分可观的测量误差。

3.1.2　残留镜像边带误差的仿真分析

由于残留镜像边带引入的测量误差不仅与测量系统本身有关，还与待测光器件有关。为了解实际光矢量分析中光单边带信号中残留镜像边带对光矢量分析结果的影响，本节将以 3.1.1 节解析分析为基础，进行数值仿真分析研究。根据 3.1.1 节的解析分析可知，幅度和相位响应测量准确度受边带抑制比的影响。在同一边带抑制比时，镜像边带的相位也将影响光矢量分析的准确度。本节将采用数值仿真分析的方式研究镜像边带幅度和相位对频率响应测量准确度的影响。

当测量系统未级联待测光器件时，根据式 (3.11) 和式 (3.12)，式 (3.8) 可改写为

$$H_{\mathrm{DUT,Meas}}\left(\omega_{\mathrm{c}}+\omega_{\mathrm{e}}\right)=H_{\mathrm{DUT}}\left(\omega_{\mathrm{c}}+\omega_{\mathrm{e}}\right)+\frac{\exp\left(\mathrm{i}\Delta\varphi\right)}{\mathrm{SSR}}\cdot\frac{H\left(\omega_{\mathrm{c}}\right)H^{*}\left(\omega_{\mathrm{c}}-\omega_{\mathrm{e}}\right)}{H^{*}\left(\omega_{\mathrm{c}}\right)} \quad (3.13)$$

其中，$\Delta\varphi$ 是残留镜像边带拍频分量与扫频边带拍频分量的相位差，SSR 是边带抑制比，即扫频边带与镜像边带的幅度比值 $(|E_{+1}|/|E_{-1}|)$。

数值仿真中，待测光器件为典型的无源光器件——窄带光纤布拉格光栅，其幅度和相位响应如图 3.3 所示。待测窄带光纤布拉格光栅的主要参数如表 3.1 所示。仿真中，多维频谱响应测量的频率分辨率为 1 kHz。

1. 残留镜像边带对阻带深度测量的影响

仿真中，假设 $\Delta\varphi=0$，采用不同边带抑制比的光单边带信号对待测光纤布拉格光栅进行测量仿真，仿真测得的光纤布拉格光栅幅度响应如图 3.4 所示。从图 3.4(a) 可以看出，光单边带信号的边带抑制比越大，仿真测得的阻带深度越接近实际阻带深度。测量光纤布拉格光栅阻带响应时，扫频边带受到阻带抑制，其功率与镜像边带的比值大大降低，等效于降低了光单边带信号的边带抑制比。这

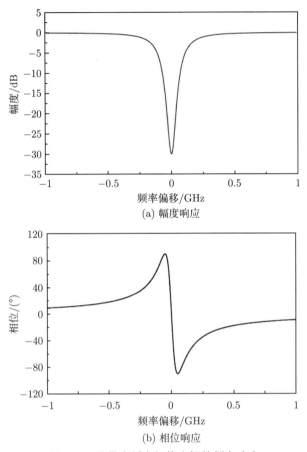

(a) 幅度响应

(b) 相位响应

图 3.3 窄带光纤布拉格光栅的频率响应

表 3.1 窄带光纤布拉格光栅主要参数表

参数	数值
阻带深度/dB	30
3 dB 带宽/MHz	300
相移/(°)	180

使得光电转换得到的光电流中，扫频边带与光载波拍频生成的光电流分量 (即携带待测光纤布拉格光栅阻带响应的光电流分量) 的功率大大降低，残留镜像边带引入的误差分量大大增加，最终导致测量误差急剧增大。因此，光单边带信号的边带抑制比是决定光矢量分析系统动态范围的关键因素。尤其待测器件阻带深度的测量准确度取决于传输后的边带抑制比，即光单边带信号边带抑制比与待测光器件阻带深度的比值。图 3.4(b) 是阻带深度测量误差随边带抑制比的变化曲线。从

图中可以看出，提升光单边带信号的边带抑制比，可有效提升系统动态范围，降低阻带深度测量误差。仿真结果表明，当光单边带信号边带抑制比为 50 dB 时，30 dB 阻带深度测量误差为 0.828 dB；进一步增大边带抑制比至 70 dB 时，阻带深度测量误差仅为 0.086 dB。

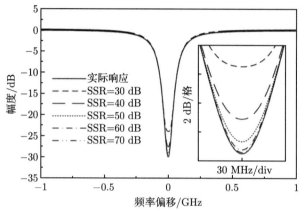

(a) 不同边带抑制比光单边带信号测得的光纤布拉格光栅幅度响应

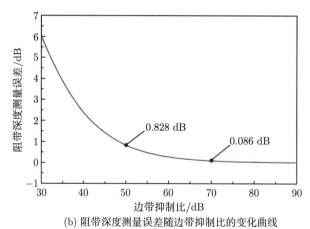

(b) 阻带深度测量误差随边带抑制比的变化曲线

图 3.4　不同边带抑制比的光单边带信号测得的光纤布拉格光栅幅度响应与阻带深度测量误差随边带抑制比的变化曲线

由于光电探测器输出的光电流为残留镜像边带对应光电流 (即误差分量) 与扫频边带对应光电流的和，两个光电流分量 (均为复数) 的相位差 $\Delta\varphi$ 也是影响光矢量分析准确度的因素。图 3.5 是光单边带信号边带抑制比为 40 dB 时，不同相位差 $\Delta\varphi$ 情况下，仿真得到的光纤布拉格光栅幅度响应。从图中可以看出，不同相位差 $\Delta\varphi$ 对阻带深度测量准确度有不同的影响。

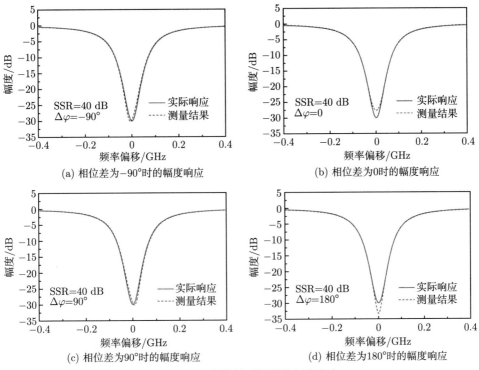

图 3.5 不同相位差时测得的幅度响应

经待测光纤布拉格光栅传输后，镜像边带引入的测量误差分量为 $E_{镜像}$，扫频边带生成的光电流分量为 $E_{扫频}$，光电探测器输出的光电流是两者的和。因而，该光电流幅值取值范围为

$$|E_{扫频}| - |E_{镜像}| \leqslant |E_{扫频} + E_{镜像}| \leqslant |E_{扫频}| + |E_{镜像}| \qquad (3.14)$$

当 $\Delta\varphi = 0$ 时，$E_{镜像}$ 与 $E_{扫频}$ 具有相同相位，光电流幅值取得最大值，即 $|E_{扫频}| + |E_{镜像}|$，大于 $|E_{扫频}|$，因而，测得的阻带深度小于实际阻带深度，测量结果如图 3.5(b) 所示；当 $\Delta\varphi = 180°$ 时，$E_{残留}$ 与 $E_{扫频}$ 相位相差 $180°$，光电流幅值为两者幅值之差 (即 $|E_{扫频}| - |E_{残留}|$)，小于 $|E_{扫频}|$，因而，测得的阻带深度大于实际的阻带深度，如图 3.5(d) 所示；当 $\Delta\varphi$ 为其他值时，测得的阻带深度介于两种情况之间，同时中心频率会发生偏差，如图 3.5(a) 和图 3.5(c) 所示。

图 3.6 是不同 $\Delta\varphi$ 时，阻带深度测量误差随边带抑制比的变化曲线。从图中可以看出，对于任意 $\Delta\varphi$，边带抑制比越大，阻带深度测量误差越小，测量准确度越高。当 $\Delta\varphi = 180°$ 且边带抑制比与阻带深度相同时，$E_{残留}$ 与 $E_{扫频}$ 大小相同但符号相反，两者完全对消，因而，测得的阻带深度远远大于实际深度，阻带深度测量误差最大。

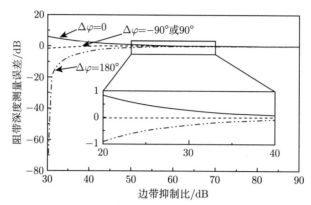

图 3.6　阻带深度测量误差随边带抑制比的变化曲线

实际测量中，$E_{残留}$ 和 $E_{扫频}$ 的相位差 $\Delta\varphi$ 不仅与测试系统传输响应相关，也与待测光器件传输响应关联。此外，不同频率处 $\Delta\varphi$ 的值也不同。由式 (3.14) 可知，阻带深度测量误差必然介于 $\Delta\varphi=0$ 和 $\Delta\varphi=180°$ 两条曲线之间。表 3.2 为不同边带抑制比时阻带深度的测量误差范围。

表 3.2　不同边带抑制比时阻带深度测量误差范围

边带抑制比/dB	阻带深度误差范围/dB
40	$-3.302 \sim 2.387$
50	$-0.915 \sim 0.828$
60	$-0.279 \sim 0.270$
70	$-0.087 \sim 0.086$
80	$-0.027 \sim 0.027$
90	$-0.009 \sim 0.009$

2. 残留镜像边带对 3 dB 带宽测量的影响

3 dB 带宽是带阻和带通光器件的重要参数之一，其测量准确度也受光单边带信号中镜像边带的影响。如图 3.3(a) 所示，待测光纤布拉格光栅的 3 dB 下截止频率 $f_L = -150\,\mathrm{MHz}$，上截止频率 $f_H = 150\,\mathrm{MHz}$，且待测光纤布拉格光栅在 f_L 和 f_H 处有不同的相位，因而相同条件下，测量误差也有所不同。

图 3.7 是下截止频率、上截止频率和 3 dB 带宽测量误差随相位差变化的曲线。如图 3.3(b) 所示，待测光纤布拉格光栅在下截止频率处的相位为 54°。当 $\Delta\varphi = -126°$ 时，$E_{残留}$ 与 $E_{扫频}$ 相位相差 180°。此时测得的幅值小于实际幅值，测得的下截止频率取得极小值。当 $\Delta\varphi=54°$ 时，$E_{残留}$ 与 $E_{扫频}$ 相位相同。此时测得的幅值大于实际幅值，测得的下截止频率取得极大值，如图 3.7(a) 实线所示。

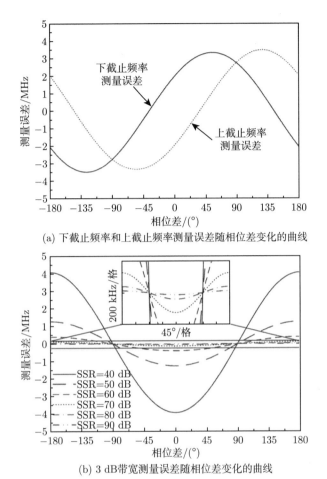

(a) 下截止频率和上截止频率测量误差随相位差变化的曲线

(b) 3 dB带宽测量误差随相位差变化的曲线

图 3.7 下截止频率、上截止频率和 3 dB 带宽测量误差随相位差变化的曲线

待测光纤布拉格光栅在上截止频率处的相位为 $-54°$。当 $\Delta\varphi = -54°$ 时, $E_{残留}$ 与 $E_{扫频}$ 相位相同。此时测得的幅值大于实际幅值, 测得的上截止频率取得极小值。当 $\Delta\varphi=126°$ 时, $E_{残留}$ 与 $E_{扫频}$ 相位相差 $180°$。此时测得的幅值小于实际幅值, 测得的上截止频率取得极大值, 如图 3.7(a) 虚线所示。

上截止频率与下截止频率测量误差的差值即为 3 dB 带宽的测量误差 (测得的 3 dB 带宽与实际 3 dB 带宽的差), 其随相位差变化的曲线类似于余弦曲线, 如图 3.7(b) 所示。从图中可以看出, 边带抑制比越大, 曲线波动越小。当 $\Delta\varphi=0$ 时, 测得的 3 dB 带宽值最小; 当 $\Delta\varphi=180°$ 时, 测得的 3 dB 带宽值最大; 当 $\Delta\varphi = -90°$ 或 $90°$ 时, 测得的 3 dB 带宽与实际相等。

图 3.8 为不同相位差情况下, 3 dB 带宽测量误差随边带抑制比变化的曲线。从图中可以看出, 当 $\Delta\varphi = -90°$ 或 $90°$ 时, 测得的 3 dB 带宽与实际 3 dB 带宽

相同, 不随边带抑制比变化; 当 $\Delta\varphi$ 为其他值时, 测量误差随阻带抑制比增长而减小。需要说明的是, 当 $\Delta\varphi = -90°$ 或 $90°$ 时, 下截止频率和上截止频率也是存在测量误差的, 只是误差相同。表 3.3 为不同边带抑制比时 3 dB 带宽测量误差范围。

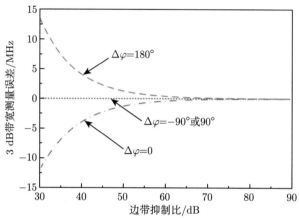

图 3.8　3 dB 带宽测量误差随边带抑制比变化的曲线

表 3.3　不同边带抑制比时 3 dB 带宽测量误差范围

边带抑制比/dB	3 dB 带宽误差范围/MHz
40	$-3.93 \sim 4.09$
50	$-1.26 \sim 1.27$
60	$-0.40 \sim 0.40$
70	$-0.13 \sim 0.13$
80	$-0.04 \sim 0.04$
90	$-0.01 \sim 0.01$

3. 残留镜像边带对中心频率测量的影响

从图 3.5 可以看出, 阻带中心频率的测量准确度也受镜像边带的影响。图 3.9 为不同 $\Delta\varphi$ 情况下, 阻带中心频率测量误差 (所测得中心频率与实际中心频率的差) 随边带抑制比变化的曲线。从图 3.9 可以看出, 当 $\Delta\varphi=0$ 或 $180°$ 时, 可准确测得阻带中心频率。这是因为, 当 $\Delta\varphi=0$ 时, $E_{残留}$ 与 $E_{扫频}$ 具有相同的相位, 两者相加不会影响中心频率的测量。同理, 当 $\Delta\varphi=180°$ 时, $E_{残留}$ 与 $E_{扫频}$ 相位相差 $180°$, 两者相减也不会对中心频率的测量产生影响。当 $\Delta\varphi$ 为其他值时, 中心频率的测量误差随边带抑制比的增大而减小。

镜像边带对阻带中心频率测量的影响比较复杂, 一般无法通过解析方式获得中心频率的误差范围。图 3.10 为不同边带抑制比情况下, 中心频率测量误差随相位差变化的曲线。从图中可以看出, 该曲线类似于正弦曲线, 边带抑制比越大, 曲线波动越小，中心频率测量误差范围也越小。

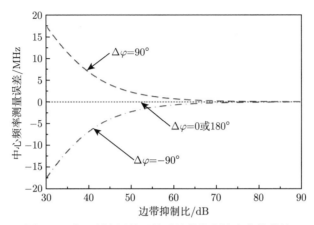

图 3.9 中心频率测量误差随边带抑制比变化的曲线

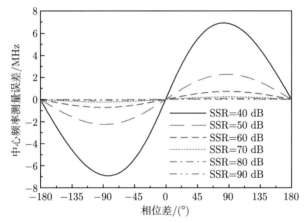

图 3.10 中心频率测量误差随相位差变化的曲线

实际测量中，相位差 $\Delta\varphi$ 是随机常数且不同频率处大小也不同。不同边带抑制比时中心频率的测量误差范围如表 3.4 所示。

表 3.4 不同边带抑制比时中心频率的测量误差范围

边带抑制比/dB	中心频率误差范围/MHz
40	$-6.92 \sim 6.92$
50	$-2.26 \sim 2.26$
60	$-0.72 \sim 0.72$
70	$-0.23 \sim 0.23$
80	$-0.07 \sim 0.07$
90	$-0.02 \sim 0.02$

4. 残留镜像边带对相位测量误差的数值分析

镜像边带不仅会影响幅度响应的测量准确度，也会影响相位响应的测量准确度。图 3.11 是 $\Delta\varphi=0$ 时，不同边带抑制比光单边带信号仿真测得的光纤布拉格光栅相位响应和相移测量误差随边带抑制比变化的曲线。从图 3.11(a) 可以看出，边带抑制比越大，相移测量越准确，所测得阻带中心处的相位变化率越大，越接近真实的相位响应曲线。从图 3.11(b) 可得，当边带抑制比为 50 dB 时，相移测量误差为 2.004°；当边带抑制比为 70 dB 时，相移测量误差为 0.2034°。

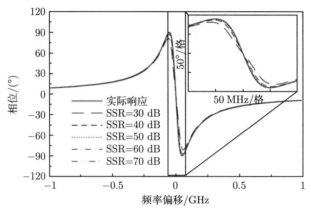

(a) 不同边带抑制比光单边带信号测得的光纤布拉格光栅相位响应

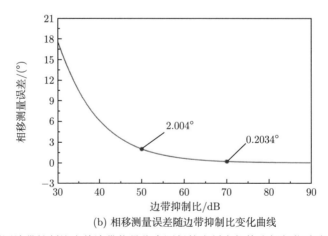

(b) 相移测量误差随边带抑制比变化曲线

图 3.11   不同边带抑制比光单边带信号仿真测得的光纤布拉格光栅相位响应和相移测量误差

此外，镜像边带拍频信号与扫频边带拍频信号的相位差 $\Delta\varphi$ 也会影响相位响应的测量准确度。图 3.12 是边带抑制比为 40 dB 时，不同 $\Delta\varphi$ 情况下所测相位响应与实际相位响应的对比图。从图中可以看出，当扫频边带不受待测光纤布拉格光栅阻带抑制或抑制较小时 (即扫频边带幅值远远大于残留镜像边带)，镜像边带引入的测量误差非常小，可完全忽略。因而，测得的相位响应与实际相位响应相吻合。当扫频边带受到阻带较大抑制时，扫频边带的幅值接近镜像边带，此时镜像边带引入的测量误差不可忽略，且不同 $\Delta\varphi$ 对应的测量误差也有所区别。

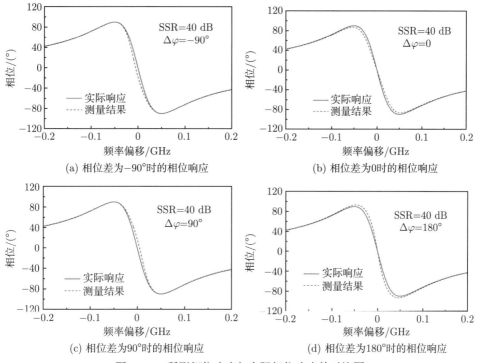

图 3.12　所测相位响应与实际相位响应的对比图

对于 $\Delta\varphi = -90°$，当测量相位响应的极大值时，$E_{残留}$ 和 $E_{扫频}$ 具有相同的相位，此时幅度准确度会受影响，而相位准确度不受影响；当测量极小值时，$E_{残留}$ 和 $E_{扫频}$ 相位相差 $180°$，两者在复平面的矢量差只对幅度准确度有影响，对相位准确度没有影响。因而，所测的相位响应极大值和极小值是准确的。然而，当测量阻带中心附近相位响应时，扫频边带受到阻带抑制，其幅值接近镜像边带。假设 $E_{残留}$ 的相位为 0，$E_{扫频}$ 相位的取值范围为 $(0, 180°)$，则测得的相位值小于实际相位。上述情况在复平面的示意图如图 3.13(a) 所示，仿真结果如图 3.12(a) 所示。

对于 $\Delta\varphi=90°$，当测量相位响应的极大值时，$E_{残留}$ 和 $E_{扫频}$ 相位相差 $180°$，而测量极小值时两者具有相同的相位，因而测得的相位极大值和极小值不存在误差。但在测量阻带中心附近相位响应时，$E_{扫频}$ 相位的取值范围为 $(-180°, 0)$，这使得测得的相位大于实际值。上述情况在复平面的示意图如图 3.13(b) 所示，仿真结果如图 3.12(c) 所示。

对于 $\Delta\varphi=0$，当所需测量的相位响应值大于 0 时，$E_{扫频}$ 相位的取值范围为 $(0, 180°)$，此时测得的相位小于实际值；当所需测量的相位响应值小于 0 时，$E_{扫频}$ 相位的取值范围为 $(-180°, 0)$，此时测得的相位大于实际值。因而，测得的相移量小于实际的相移量，且所测得的阻带中心相位变化率小于实际相位变化率。该情况的仿真测量结果如图 3.12(b) 所示。

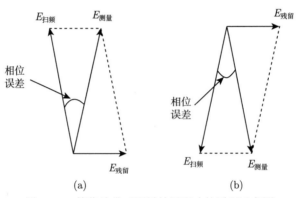

(a)　　　　　　　　　　　　(b)

图 3.13　镜像边带对测量结果影响的原理示意图

对于 $\Delta\varphi=180°$，当所需测量的相位响应值大于 0 时，$E_{扫频}$ 相位的取值范围为 $(-180°, 0)$，此时测得的相位大于实际值；当所需测量的相位响应值小于 0 时，$E_{扫频}$ 相位的取值范围为 $(0, 180°)$，测得的相位小于实际值。因而，测得的相移量大于实际的相移量，且所测得的阻带中心相位变化率大于实际的相位变化率。该情况的仿真测量结果如图 3.12(d) 所示。

图 3.14 是相移测量误差随边带抑制比的变化曲线。从图中可以看出当 $\Delta\varphi = 90°$ 或 $-90°$ 时，测得的相移量不存在误差；当 $\Delta\varphi$ 为其他值时，相移测量误差随边带抑制比的增大而减小。根据此前分析可知，在 $\Delta\varphi$ 分别为 0 和 180° 的情况下，测得的相移量含有最大的误差。实际测试过程中，$\Delta\varphi$ 是随机常数且不同频率处的值是不同的。当边带抑制比为不同值时，相移测量误差范围如表 3.5 所示。当 $\Delta\varphi=0$ 时，在边带抑制比较小的情况下，相位极大值对应的测量值小于邻近频率点的相位响应测量值，且相位极小值处测得的相位大于邻近频率点的相位测量值，因而相移测量误差略小于相同边带抑制比情况下 $\Delta\varphi=180°$ 时的测量误差。

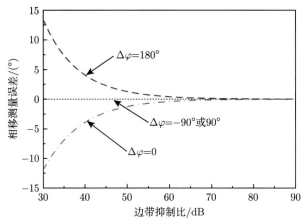

图 3.14 相移测量误差随边带抑制比的变化曲线

表 3.5 相移测量误差范围

SSR/阻带深度/dB	相移测量误差范围/(°)
10	$-6.13 \sim 6.82$
20	$-2.00 \sim 2.07$
30	$-0.64 \sim 0.65$
40	$-0.20 \sim 0.20$
50	$-0.06 \sim 0.06$
60	$-0.02 \sim 0.02$

3.1.3 残留镜像边带误差的实验分析

图 3.15 是镜像边带对光矢量分析准确度影响的实验框图。光源 (N7714A) 输出的光载波信号由光分束器分成两路，一路输入双平行马赫-曾德尔调制器，另一路输入光单边带调制器。双平行马赫-曾德尔调制器将 90° 微波电桥输出的两路微波信号调制到光源输出的光载波上，生成抑制载波的光单边带信号；掺铒光纤放大器 (erbium-doped optical fiber amplifier，EDFA) 放大该光信号，经光环行器后，作为泵浦信号输入单模光纤激励出受激布里渊散射的衰减谱[84]。

光单边带调制器将微波矢量网络分析仪 (R&S ZVA67) 输出的微波信号调制到光源输出的光载波上，形成光单边带信号。该调制器由工作在正交偏置点的马赫-曾德尔调制器/相位调制器 (phase modulator，PM) 和可编程光滤波器 (Finisar WaveShaper 4000S) 构成，通过调节可编程光滤波器的阻带深度，即可得到所需边带抑制比的光单边带信号。光电探测器 (Finisar XPD2150R) 接收经单模光纤、光环行器后输出的光信号，对其进行平方律检波，输出光电流。微波矢量网络分析仪提取出光电流的幅度和相位信息并绘出幅度与相位响应曲线。

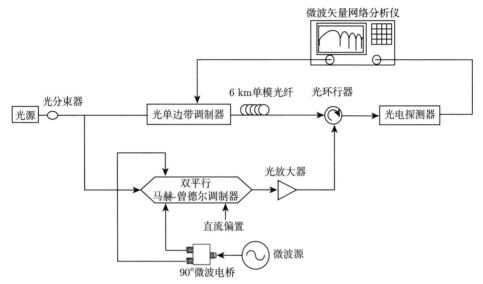

图 3.15　镜像边带对光矢量分析准确度影响的实验框图

　　图 3.16(a) 为可编程光滤波器的三种滤波形状，其阻带深度分别为 20 dB、30 dB 和 50 dB。分别采用这三种滤波形状对光双边带信号进行滤波，可得到边带抑制比分别为 20 dB、30 dB 和 50 dB 的光单边带信号，如图 3.16(b) 所示。

　　图 3.17 为泵浦信号的光谱图。从图中可以看出，泵浦信号的光载波功率比 −1 阶边带小 30.1 dB，边带抑制为 21 dB。在单模光纤中，+1 阶边带功率低于受激布里渊散射的阈值，不会激励出增益谱，因而不影响测量结果。

　　当单边带信号产生支路的电光调制器为工作在正交偏置点的马赫-曾德尔调制器时，滤波所得的光单边带信号的镜像边带和扫频边带与光载波拍频信号的相位是相同的 ($\Delta\varphi=0$)。图 3.18 为不同边带抑制比光单边带信号测得的 SBS 衰减谱幅度和相位响应。从图中可以看出，边带抑制比越大，测得的阻带越深，测得的相移量越大，阻带中心处相位的变化越剧烈，与 3.1.2 节数值仿真获得的阻带深度、相移量和阻带中心相位变化剧烈程度随边带抑制比变化的趋势相一致。

　　当单边带信号是由相位调制信号滤波所得时，其镜像边带和扫频边带与光载波拍频信号的相位相差 $180°$($\Delta\varphi=180°$)。图 3.19 为相位调制信号滤波所得光单边带信号测得的 SBS 衰减谱幅度和相位响应。从图中可以看出，边带抑制比越大，测得的阻带越浅，相移量越小，且阻带中心处相位的变化越平缓，这与 3.1.2 节数值仿真所得的趋势基本一致。

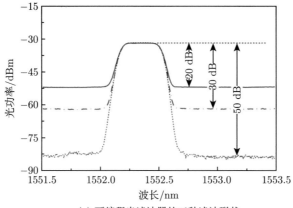

(a) 可编程光滤波器的三种滤波形状

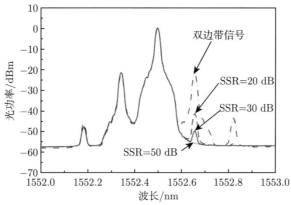

(b) 具有不同边带抑制比的光单边带信号的光谱图

图 3.16 可编程光滤波器的不同滤波形状与不同边带抑制比的光单边带信号的光谱图

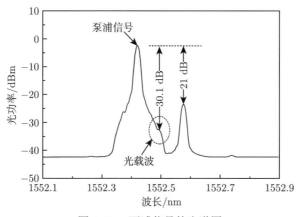

图 3.17 泵浦信号的光谱图

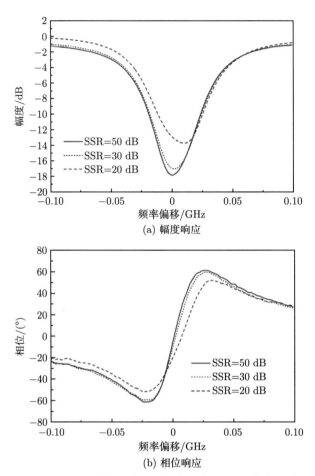

图 3.18   不同边带抑制比光单边带信号测得的频率响应

需要说明的是，受光纤色散的影响，扫频边带和镜像边带的相位会发生轻微变化；滤除边带时，边带的相位受到光滤波器相位响应的作用也会发生轻微变化，使得 $\Delta\varphi$ 不是严格等于 0 或 180°。因而，不同边带抑制比光单边带信号测得的阻带中心频率有所差异，测量误差随边带抑制比的减小而增大。相应地，相位变化趋势与数值仿真结果也有些许不同。

图 3.20 是实验中 $\Delta\varphi=$ 0 或 180° 时，阻带深度、中心频率测量误差、3 dB 带宽和相移随边带抑制比的变化图 (图中曲线为拟合曲线)。当 $\Delta\varphi=0$ 时，阻带深度随边带抑制比增大而增大，3 dB 带宽和相移随边带抑制比增大而减小；当 $\Delta\varphi=180°$ 时，阻带深度随边带抑制比增大而减小，3 dB 带宽和相移随边带抑制比增大而增大。上述阻带深度、3 dB 带宽和相移随边带抑制比的变化趋势与数值

仿真完全相同。需要指出的是，由于 $\Delta\varphi$ 不是理想的 0 或 180°，存在中心频率测量误差。

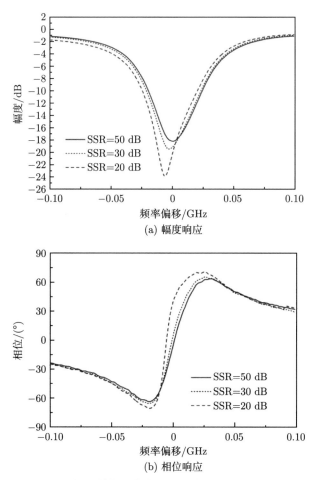

(a) 幅度响应

(b) 相位响应

图 3.19 相位调制信号滤波所得光单边带信号的频率响应

表 3.6 为当边带抑制比为 30 dB 时，$\Delta\varphi$ 为 0 和 180° 两种情况下测得的阻带深度、3 dB 带宽、中心频率和相移误差与仿真误差范围的对比。对于测得的幅度响应而言，其关键参数如阻带深度误差、3 dB 带宽误差和中心频率误差均在数值仿真所得的误差范围内，表明数值仿真可准确预测光矢量分析系统的测量误差。对于测得的相位响应而言，由于产生受激布里渊散射衰减谱的增益介质为 2 km 单模光纤，其长度受温度影响，光纤长度的伸缩将会使相移测量误差变大，因而，测得的相移所含误差略微超出数值仿真所得的误差范围。

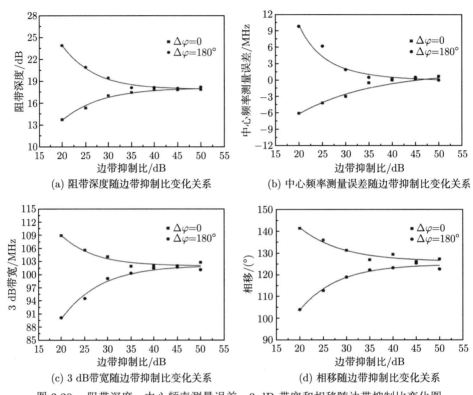

图 3.20　阻带深度、中心频率测量误差、3 dB 带宽和相移随边带抑制比变化图

表 3.6　关键参数测量误差表 (SSR=30 dB 时)

参数	数值仿真误差范围	$\Delta\varphi = 0$	$\Delta\varphi = 180°$
阻带深度误差/dB	$-2.51 \sim 1.95$	0.98	-1.44
3 dB 带宽误差/MHz	$-3.14 \sim 3.23$	-2.1	2.9
中心频率误差/MHz	$-5.57 \sim 5.57$	3	-1.9
相移误差/(°)	$-4.92 \sim 5.35$	-5.52	6.77

3.2　电光非线性误差分析

3.2.1　非线性误差的解析分析

图 3.21 为采用基于 90° 微波电桥光单边带调制的光矢量分析系统框图。光单边带调制单元将微波扫频源输出的微波信号调制到光源输出的光载波上，生成光单边带信号。其中，光单边带调制单元由 90° 微波电桥和双驱动马赫-曾德尔调制器组成。光单边带信号经待测光器件传输时，其载波和边带的幅度、相位受待测光器件传输函数作用，发生相应变化。光电探测器接收待测光器件输出的光信

号，并对其进行平方律检波，输出携带待测光器件频谱响应信息的光电流。幅相接收机以微波扫频源输出的微波信号为参考，提取光电流的幅度和相位信息。对微波信号进行频率扫描，得到待测光器件的幅度和相位响应。

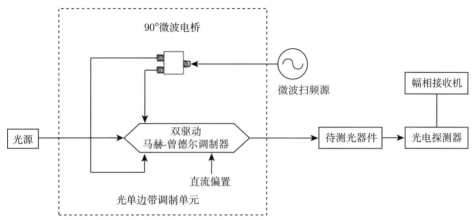

图 3.21 采用基于 90° 微波电桥光单边带调制的光矢量分析系统框图

采用 90° 微波电桥和双驱动马赫-曾德尔调制器组成的光单边带调制单元输出的光单边带信号光场为

$$E_{\mathrm{SSB}}(t) = E_{\mathrm{c}} \exp\left(\mathrm{i}\omega_{\mathrm{c}}t\right) \left\{ \exp\left[\mathrm{i}\left(\beta\cos\omega_{\mathrm{e}}t - \frac{\pi}{2}\right)\right] + \exp\left(\mathrm{i}\beta\sin\omega_{\mathrm{e}}t\right) \right\} \quad (3.15)$$

其中，ω_{c} 和 ω_{e} 分别为光载波和微波信号的角频率，$\beta = \pi V / V_{\pi}$ 是调制系数，V 是微波信号的幅度，V_{π} 是双驱动马赫-曾德尔调制器的半波电压。基于雅可比-安格尔展开式，式 (3.15) 可改写为

$$E_{\mathrm{SSB}}(t) = E_{\mathrm{c}} \sum_{m=-\infty}^{\infty} \left\{ \mathrm{J}_m(\beta)\left(\mathrm{i}^{m-1} + 1\right) \exp\left[\mathrm{i}\left(\omega_{\mathrm{c}} + m\omega_{\mathrm{e}}\right)t\right] \right\} \quad (3.16)$$

其中，$\mathrm{J}_m(\beta)$ 是第一类贝塞尔函数的第 m 阶系数。将式 (3.16) 进行傅里叶变换，变换后的频域表达式为

$$E_{\mathrm{SSB}}(\omega) = E_{\mathrm{c}} \sum_{m=-\infty}^{\infty} \mathrm{J}_m(\beta)\left(\mathrm{i}^{m-1} + 1\right) \delta\left[\omega - \left(\omega_{\mathrm{c}} + m\omega_{\mathrm{e}}\right)\right] \quad (3.17)$$

在待测光器件中，光载波和各阶边带的幅度、相位根据其传输函数发生相应

变化。待测光器件输出的光信号可用以下表达式表示

$$E_{\mathrm{meas}}(\omega) = E_{\mathrm{c}} E_{\mathrm{SSB}}(\omega) \cdot H(\omega)$$

$$= E_{\mathrm{c}} \sum_{m=-\infty}^{\infty} H(\omega_{\mathrm{c}} + m\omega_{\mathrm{e}}) \, \mathrm{J}_m(\beta) \left(\mathrm{i}^{m-1} + 1\right) \delta\left[\omega - (\omega_{\mathrm{c}} + m\omega_{\mathrm{e}})\right] \quad (3.18)$$

其中，$H(\omega)$ 是待测光器件的传输函数。

光电探测器对上述光信号进行平方律检波，输出光电流。其表达式为

$$i_{\mathrm{PD}}(t) = \eta E_{\mathrm{meas}}(t) \cdot E_{\mathrm{meas}}^*(t) \quad (3.19)$$

其中，η 是光电探测器的响应系数，$E_{\mathrm{meas}}(t)$ 是 $E_{\mathrm{meas}}(\omega)$ 的傅里叶逆变换表达式

$$E_{\mathrm{meas}}(t) = E_{\mathrm{c}}^2 \sum_{m=-\infty}^{\infty} \left\{ H(\omega_{\mathrm{c}} + m\omega_{\mathrm{e}}) \, \mathrm{J}_m(\beta) \left(\mathrm{i}^{m-1} + 1\right) \exp\left[\mathrm{i}(\omega_{\mathrm{c}} + m\omega_{\mathrm{e}}) t\right] \right\}$$

$$(3.20)$$

单边带扫频光矢量分析系统中，由于参考信号为微波源输出的微波信号，幅相接收机仅接收角频率为 ω_{e} 的微波信号。因而，接收到的光电流表达式为

$$
\begin{aligned}
i_{\omega_{\mathrm{e}}}(t) = {} & \eta E_{\mathrm{c}}^2 \sum_{m=-\infty}^{\infty} \left\{ (\mathrm{i}^m + 1)\left(\mathrm{i}^{m-1} + 1\right)^* \mathrm{J}_{m+1}(\beta) \, \mathrm{J}_m(\beta) \right. \\
& \cdot H\left[\omega_{\mathrm{c}} + (m+1)\omega_{\mathrm{e}}\right] H^*(\omega_{\mathrm{c}} + m\omega_{\mathrm{e}}) \exp(\mathrm{i}\omega_{\mathrm{e}} t) \\
& + (\mathrm{i}^m + 1)^* \left(\mathrm{i}^{m-1} + 1\right) \mathrm{J}_{m+1}(\beta) \, \mathrm{J}_m(\beta) \\
& \left. \cdot H^*\left[\omega_{\mathrm{c}} + (m+1)\omega_{\mathrm{e}}\right] H(\omega_{\mathrm{c}} + m\omega_{\mathrm{e}}) \exp(-\mathrm{i}\omega_{\mathrm{e}} t) \right\} \\
= {} & 2\eta E_{\mathrm{c}}^2 Re \left\{ \sum_{m=-\infty}^{\infty} \left[(\mathrm{i}^m + 1)\left(\mathrm{i}^{m-1} + 1\right)^* \mathrm{J}_{m+1}(\beta) \, \mathrm{J}_m(\beta) \right. \right. \\
& \left. \left. \cdot H\left[\omega_{\mathrm{c}} + (m+1)\omega_{\mathrm{e}}\right] H^*(\omega_{\mathrm{c}} + m\omega_{\mathrm{e}}) \exp(\mathrm{i}\omega_{\mathrm{e}} t)\right] \right\}
\end{aligned}
\quad (3.21)
$$

由式 (3.21) 可知，ω_{e} 频率分量是由第 $m+1$ 阶和第 m 阶边带拍频产生的。为简化解析分析，式 (3.21) 可改写成复指数形式，即

$$
\begin{aligned}
i_{\omega_{\mathrm{e}}}(t) = {} & 2\eta E_{\mathrm{c}}^2 \sum_{m=-\infty}^{\infty} \left\{ (\mathrm{i}^m + 1)\left(\mathrm{i}^{m-1} + 1\right)^* \mathrm{J}_{m+1}(\beta) \, \mathrm{J}_m(\beta) \right. \\
& \left. \cdot H\left[\omega_{\mathrm{c}} + (m+1)\omega_{\mathrm{e}}\right] H^*(\omega_{\mathrm{c}} + m\omega_{\mathrm{e}}) \exp(\mathrm{i}\omega_{\mathrm{e}} t) \right\}
\end{aligned}
\quad (3.22)
$$

从式 (3.22) 可知，光电流是待测光器件的传输函数 $H(\omega)$ 在不同倍频处响应的叠加，因而，无法获取待测光器件准确的传输函数。要准确获取待测光器件传输函数 $H(\omega)$，光单边带信号必须是理想的，即仅含光载波和一个一阶边带。此时，式 (3.22) 可简化为

$$i_{m=0}(\omega_{\mathrm{e}}) = 4\sqrt{2}\eta E_{\mathrm{c}}^2 \mathrm{J}_0(\beta)\mathrm{J}_1(\beta)H(\omega_{\mathrm{c}}+\omega_{\mathrm{e}})H^*(\omega_{\mathrm{c}})\exp\left(\mathrm{i}\frac{\pi}{4}\right) \tag{3.23}$$

根据式 (3.23)，可得到待测光器件的传输函数 $H(\omega)$ 的表达式，即

$$H(\omega_{\mathrm{c}}+\omega_{\mathrm{e}}) = \frac{i_{m=0}(\omega_{\mathrm{e}})}{4\sqrt{2}\eta\mathrm{J}_0(\beta)\mathrm{J}_1(\beta)H^*(\omega_{\mathrm{c}})\exp\left(\mathrm{i}\dfrac{\pi}{4}\right)} \tag{3.24}$$

然而，实际测量中，只有在调制系数 $\beta \to 0$ 的情况下，可以认为 $i_{\omega_{\mathrm{e}}}(t)$ 等于 $i_{m=0}(t)$。在 $\beta \neq 0$ 情况下，测量得到的传输函数应为

$$H_{\mathrm{measured}}(\omega_{\mathrm{c}}+\omega_{\mathrm{e}}) = \frac{i_{m=0}(\omega_{\mathrm{e}})}{4\sqrt{2}\eta\mathrm{J}_0(\beta)\mathrm{J}_1(\beta)H^*(\omega_{\mathrm{c}})\exp\left(-\mathrm{i}\dfrac{\pi}{4}\right)} + \Delta$$

$$= H(\omega_{\mathrm{o}}+\omega_{\mathrm{e}}) + \Delta \tag{3.25}$$

其中，Δ 是光单边带信号中高阶边带引入的测量误差，其表达式为

$$\Delta = \frac{\displaystyle\sum_{\substack{m=-\infty\\m\neq 0}}^{\infty}\left\{\left(\mathrm{i}^m+1\right)\left(\mathrm{i}^{m-1}+1\right)^*\mathrm{J}_{m+1}(\beta)\mathrm{J}_m(\beta)H\left[\omega_{\mathrm{c}}+(m+1)\omega_{\mathrm{e}}\right]H^*(\omega_{\mathrm{c}}+m\omega_{\mathrm{e}})\right\}}{2\sqrt{2}\mathrm{J}_0(\beta)\mathrm{J}_1(\beta)H^*(\omega_{\mathrm{c}})\exp\left(\mathrm{i}\dfrac{\pi}{4}\right)} \tag{3.26}$$

从式 (3.26) 可看出，高阶边带引入的测量误差与待测光器件传输函数相关。为直观分析各高阶边带对测量结果的影响，采用传输函数 $H(\omega)=1$ 的光器件作为待测光器件。高阶边带引入的测量误差表达式可简化为

$$\Delta = \frac{\displaystyle\sum_{\substack{m=-\infty\\m\neq 0}}^{\infty}\left[\left(\mathrm{i}^m+1\right)\left(\mathrm{i}^{m-1}+1\right)^*\mathrm{J}_{m+1}(\beta)\mathrm{J}_m(\beta)\right]}{2\sqrt{2}\mathrm{J}_0(\beta)\mathrm{J}_1(\beta)\exp\left(\mathrm{i}\dfrac{\pi}{4}\right)} \tag{3.27}$$

式 (3.27) 中，等号右边是第 m 阶与第 $m+1$ 阶边带拍频信号所引入的测量误差。在实际测量过程中，调制器的调制系数 β 一般小于 π。当 $0 \leqslant \beta \leqslant \pi$ 时，第一类贝塞尔函数 $J_n(\beta)$ 随着 β 的增大单调递增，随着贝塞尔函数阶数 n 的增大单调递减。考虑到 $J_3(\pi)=0.33346$，$J_4(\pi)=0.15142$，$J_5(\pi)=0.05214$，数值仿真中，阶数大于 4 阶的高阶边带引入的测量误差可以忽略不计。式 (3.27) 可以进一步简化为

$$\Delta = \frac{J_{-3}(\beta) J_{-4}(\beta)}{J_0(\beta) J_1(\beta)} + \frac{J_{-2}(\beta) J_{-3}(\beta)}{J_0(\beta) J_1(\beta)} + \frac{J_2(\beta) J_1(\beta)}{J_0(\beta) J_1(\beta)} \tag{3.28}$$

式 (3.28) 等号右边三项分别为 -4 阶与 -3 阶边带拍频信号、-3 阶与 -2 阶边带拍频信号以及 $+1$ 阶与 $+2$ 阶边带拍频信号引入的测量误差。需要说明的是，在基于 $90°$ 微波电桥的光单边带信号中，-1 阶边带和 $+3$ 阶边带被完全抑制，因而，不存在 -2 阶与 -1 阶边带拍频信号、$+2$ 阶与 $+3$ 阶边带拍频信号以及 $+3$ 阶与 $+4$ 阶边带的拍频信号。

图 3.22 是相邻高阶边带拍频信号引入的测量误差随调制系数的变化曲线。从图中可以看出，随着调制系数增大，高阶边带拍频信号引入的测量误差不断增大。其中，$+1$ 阶与 $+2$ 阶拍频信号引入的测量误差显著大于其他相邻高阶边带拍频信号，且其增长速率也明显高于其他相邻高阶边带拍频信号。实际测量中，电光调制器一般工作在调制系数为 $\pi/3$ 的情况下。此时，$+1$ 阶与 $+2$ 阶拍频信号引入的幅度测量误差高达 16.7%，这将严重影响幅度响应测量的准确度。这是因为 $+1$ 阶与 $+2$ 阶边带的功率远高于其他高阶边带，两者拍频信号的功率将显著大于其他相邻高阶边带拍频信号。由于待测光器件的传输函数为 $H(\omega)=1$，m 阶与 $m+1$ 阶边带拍频信号的相位均为 $45°$。因而，式 (3.28) 中没有相位误差。

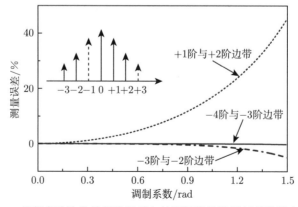

图 3.22　相邻高阶边带拍频信号引入的测量误差随调制系数的变化曲线

从图 3.22 可知，电光调制器工作于较小调制系数时，测量误差比较小，且调制系数越小测量误差越小。然而，较小的调制系数会使得光电探测器输出的光电流信噪比较低，压缩光矢量分析系统的动态范围。图 3.23 为光矢量分析系统动态范围随调制系数的变化曲线。数值仿真条件为：光载波功率为 10 dBm，双驱动马赫-曾德尔调制器的带宽为 40 GHz，光电探测器的带宽为 40 GHz，响应系数为 0.8 A/W，测量系统的噪底为 −90 dBm。从图中可以看出，当调制系数为 1.082 时，光矢量分析系统具有最大的动态范围，达到 60.71 dB。当调制系数减小至 0.22 时，系统动态范围将减小 10 dB，为 50.71dB。这充分说明，较小的调制系数虽可实现高准确度光矢量分析，但会降低光矢量分析系统的动态范围。

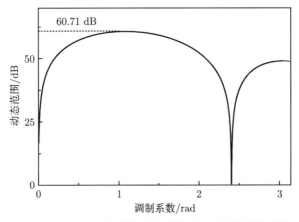

图 3.23 光矢量分析系统动态范围随调制系数变化曲线

3.2.2 非线性误差的仿真分析

为进一步分析光单边带信号中高阶边带对光矢量分析准确度的影响，尤其是对相位响应测量准确度的影响，本节仿真分析了电光调制器非线性对光矢量分析准确度的影响。仿真中，待测光器件为光纤布拉格光栅，其幅度和相位响应如图 3.24 所示。该光纤布拉格光栅主要参数如表 3.7 所示。仿真中假设光源和微波源输出的光载波与微波信号为理想的单频信号，微波扫频源的扫频步进设为 50 kHz。

当调制系数分别为 0.5 rad 和 0.7 rad 时，仿真测量了光纤布拉格光栅的幅度和相位响应，仿真测量结果如图 3.25 所示。待测光纤布拉格光栅的实际幅度和相位响应分别在图中给出，作为参考。从图中可看出，在小调制系数情况下，仿真测得的幅度响应和相位响应误差较小，基本与实际响应吻合。然而，在大调制系数情况下，仿真测得的幅度响应和相位响应与实际响应存在明显的误差。尤其在阻带中心附近，扫频边带受到光纤布拉格光栅阻带的抑制，使所测得的相位响应包含显著的误差，如图 3.25(b) 插图所示。根据 3.2.1 节解析分析，数值仿真仅

需考虑 −4 阶至 +4 阶边带对光矢量分析准确度的影响。由于基于 90° 微波电桥产生的光单边带信号中，不存在 −1 阶和 +3 阶边带，因而，本节仿真研究了 −4 阶、−3 阶、−2 阶以及 +2 阶边带对光纤布拉格光栅中心频率、阻带深度、3 dB 带宽、相移等参数测量准确度的影响。

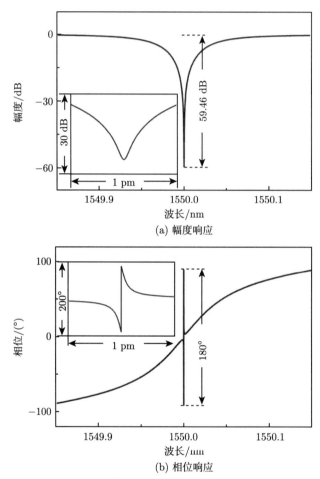

(a) 幅度响应

(b) 相位响应

图 3.24　待测光纤布拉格光栅的频率响应

表 3.7　待测光纤布拉格光栅主要参数

参数	数值
中心波长/mm	1550
阻带深度/dB	59.46
3 dB 带宽/GHz	11.1
相移/(°)	180

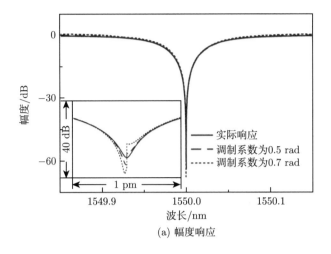

(a) 幅度响应

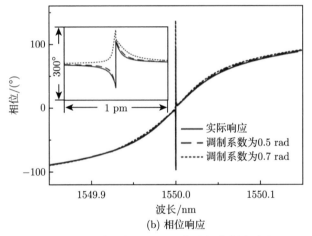

(b) 相位响应

图 3.25 仿真测得光纤布拉格光栅的频率响应

仿真分析中，各参数的定义如下：中心频率为低于最大传输点 15 dB 两传输点频率的均值；阻带深度为最大传输点和最小传输点幅度差的绝对值；3 dB 带宽为低于通带插损 3 dB 两传输点频率差的绝对值；相移为中心波长附近相位响应极大值和极小值的差。

1. 高阶边带对阻带深度测量准确度的影响

图 3.26 是移除一个高阶边带情况下，仿真测得阻带深度随调制系数的变化曲线。测量阻带深度时，+1 阶边带受到待测光纤布拉格光栅阻带极大的抑制 (约 59.46 dB)，使得传输后的 +1 阶边带功率十分小。光电探测器输出的角频率为 ω_e 的光电流中，−2 阶和 −3 阶边带拍频信号占据了极大的比例。因而，光纤布拉

格光栅阻带深度测量的准确度主要受 -2 阶和 -3 阶边带影响。从图中可以看到，-2 阶和 -3 阶边带同时存在的情况下，$\beta > 0.4$ rad 时测得的阻带深度将会有一个最大的误差值。从式 (3.26) 可知，测量阻带深度时，-2 阶和 -3 阶边带拍频信号与光载波和 $+1$ 阶边带拍频信号相位相差 180°。在小调制系数 ($\beta < 0.65$ rad) 情况下，-2 阶和 -3 阶边带拍频信号的功率小于光载波和 $+1$ 阶边带拍频信号的功率，前者功率增长快于后者，因而，随着调制系数增大，角频率为 ω_e 的光电流功率下降，测得的阻带深度大于实际深度且随调制系数的增大而增大。在大调制系数 ($\beta > 0.65$ rad) 情况下，-2 阶和 -3 阶边带拍频信号功率大于光载波和 $+1$ 阶边带拍频信号，其功率随调制系数增长而增大，因而，调制系数越大，角频率为 ω_e 的光电流功率越大，测得的阻带深度小于实际阻带深度且随调制系数增大而减小。因此，$\beta < 0.65$ rad 时，测得的阻带深度随 β 的增加而增大；$\beta > 0.65$ rad 时，测得的阻带深度随 β 的增加而减小。若要提升光矢量分析系统的动态范围，则需消除光单边带信号中的 -2 阶或 -3 阶边带。

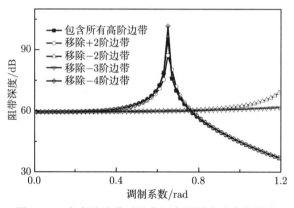

图 3.26　各高阶边带对阻带深度测量准确度的影响

2. 高阶边带对中心频率测量准确度的影响

图 3.27 是移除一个高阶边带情况下，中心频率测量误差 (仿真测得的中心频率与实际中心频率的差值) 随调制系数的变化曲线。$+1$ 阶和 $+2$ 阶边带均处于光纤布拉格光栅阻带左边时，受光纤布拉格光栅阻带的衰减将随微波频率增加而增大，而 -2 阶和 -3 阶边带不受影响。由于 -2 阶与 -3 阶边带拍频信号和光载波与 $+1$ 阶拍频信号相位相差 180°，因而测得的幅度小于实际的幅度。$+2$ 阶边带处于光纤布拉格光栅阻带右边时，受光纤布拉格光栅的衰减将会随微波频率增大而减小。由于 $+1$ 阶与 $+2$ 阶边带拍频信号和光载波与 $+1$ 阶边带拍频信号具有相同的相位，因此测得的幅度大于实际幅度。因而，所测得阻带中心频率小于实际中心频率，如图 3.27 和图 3.25(a) 插图所示。高阶边带引入的测量误差可使

测得的阻带中心频率误差高达上百兆赫兹，这将降低光矢量分析技术的测量准确度。若抑制 +2 阶边带，中心频率的测量准确度将大大提高。在移除 +2 阶边带的情况下，当调制系数为 0.8 rad 时，中心频率测量误差仅为 2 MHz。

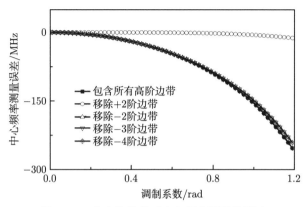

图 3.27 各高阶边带对中心频率测量的影响

3. 高阶边带对 3 dB 带宽测量准确度的影响

图 3.28 是移除一个高阶边带的情况下，仿真所测得 3 dB 带宽随调制系数的变化曲线。与上述仿真结果类似，测量 3 dB 带宽时，+2 阶边带引入了绝大部分测量误差。由于 +1 阶与 +2 阶边带拍频信号和光载波与 +1 阶边带拍频信号具有相同的相位，测量 3 dB 频点时测得的幅度值大于实际幅度，因而，存在 +2 阶边带时，测得的 3 dB 带宽小于实际值 (实际 3 dB 带宽为 11.1 GHz)。当调制系数为 0.8 rad 时，测量误差为 200 MHz。若移除 +2 阶边带，3 dB 带宽测量误差仅为 17.06 MHz。

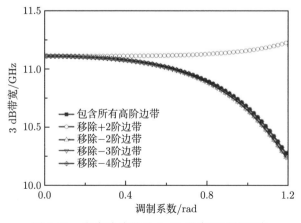

图 3.28 各高阶边带对 3 dB 带宽测量的影响

4. 移除 +2 阶边带后，剩余高阶边带对测量准确度的影响

上述分析结果表明，在高阶边带中，+2 阶边带对幅度响应测量准确度影响最大，要实现高精度光矢量分析必须对其进行抑制。在 +2 阶边带移除的基础上，为进一步提升测量准确度，其他高阶边带 (如 −4 阶、−3 阶和 −2 阶边带) 对测量准确度的影响也需关注。图 3.29 为移除 +2 阶边带后，仿真测得的中心频率测量误差和 3 dB 带宽随调制系数的变化曲线。从图 3.29(a) 和 (b) 可以看出，移除 +2 阶边带后，中心频率和 3 dB 带宽的测量准确度得到了极大的提升，移除 −4 阶边带后，相对于所有边带的曲线没有明显改变，移除 −2 阶和 −3 阶边带后，测量误差明显改变，此时测量误差主要由 −2 阶和 −3 阶边带拍频信号引入。若抑制其中一个边带，则测量准确度将得到进一步的提高。例如，当调制系数为 0.8 rad 时，移除 −3 阶或 −2 阶边带，中心频率的偏移量仅为 28.3 kHz，3 dB 带宽的测量误差亦只有 0.22 MHz。

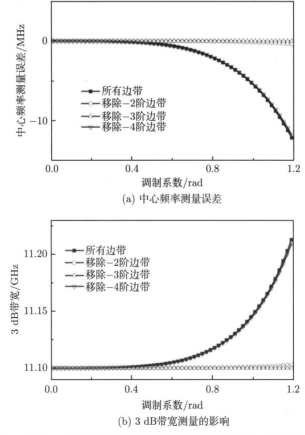

(a) 中心频率测量误差

(b) 3 dB带宽测量的影响

图 3.29　移除 +2 阶边带后各高阶边带对中心频率和 3 dB 带宽的影响

5. 高阶边带对相位测量准确度的影响

图 3.30 是移除一个高阶边带的情况下，仿真测得光纤布拉格光栅相移量随调制系数的变化曲线。由于光纤布拉格光栅相移出现在阻带中心附近，测量相移量时，+1 阶边带将受到光纤布拉格光栅阻带极大的抑制。仿真中，抑制大于 55 dB。此时，-2 阶与 -3 阶边带拍频信号在角频率为 ω_e 的光电流中占据较大比例，因而，相移量准确度主要受 -2 阶和 -3 阶边带影响。如图 3.30 所示，在 -2 阶和 -3 阶边带均存在的情况下，仿真测得的相移量准确度较低，包含较大的测量误差。-4 阶边带由于其功率十分小，其引入的测量误差基本可以忽略。尽管相移量测量时，+1 阶边带受到了极大的抑制，但 +2 阶边带功率远高于其他高阶边带，+1 阶和 +2 阶边带拍频信号仍会在测量结果中引入不可忽略的误差。因此，为准确测量光纤布拉格光栅相移量，需移除光单边带信号中 -2 阶或 -3 阶边带，同时移除 +2 阶边带。

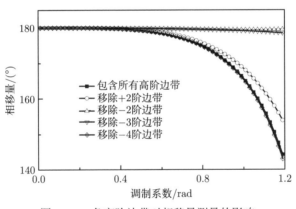

图 3.30 各高阶边带对相移量测量的影响

上述解析分析和仿真分析详细研究了单边带扫频光矢量分析技术中电光调制非线性对测量准确度的影响。+2 阶边带因其功率高于其他高阶边带，对光矢量分析准确度影响最大。-3 阶和 -2 阶边带主要影响光矢量分析系统的动态范围，同时也给相移测量带来较大误差。为实现高准确度的光矢量分析，需移除 +2 阶边带。若能同时移除 -3 阶或 -2 阶边带，则还可进一步提升系统的动态范围和测量准确度。

3.2.3 非线性误差的实验分析

本节采用相位调制器进行电光调制，可调谐光滤波器滤波整形，生成高阶边带可控的光单边带信号，进行高阶边带对光矢量分析准确度影响的实验分析。由于该光单边带信号各边带相位关系与基于 90° 微波电桥的光单边带信号不相同，本节将对误差模型进行修正，而后采用数值仿真和实验测量相互验证的方式，进行电光调制非线性对光矢量分析准确度影响的实验分析。

图 3.31 是研究电光调制非线性对光矢量分析准确度影响的实验框图。光分束器将光源输出的光信号分成两路，一路经掺铒光纤放大器 (EDFA) 放大，作为泵浦信号，在单模光纤中形成受激布里渊散射增益峰作为待测光器件的频谱响应；另一路用作光载波接入相位调制器，受矢量网络分析仪输出的微波信号调制，生成相位调制信号，即

$$E_{\text{PM}}(\omega) = E_{\text{c}} \sum_{m=-\infty}^{\infty} \text{i}^m \text{J}_m(\beta) \cdot \delta\left[\omega - (\omega_{\text{c}} + m\omega_{\text{e}})\right] \tag{3.29}$$

其中，ω_{c} 和 ω_{e} 分别为光载波和微波信号的角频率，$\beta = \pi V/V_{\pi}$ 是相位调制系数，V_{π} 是相位调制器的半波电压，V 是微波信号的电压。

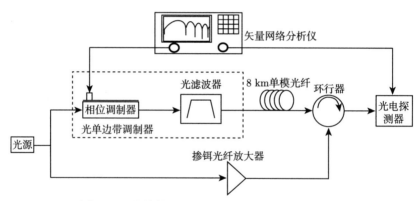

图 3.31 非线性对光矢量分析准确度影响实验框图

可调光带通滤波器滤除负数阶边带，得到光单边带探测信号，其表达式为

$$E_{\text{SSB}}(\omega) = E_{\text{c}} \sum_{m=0}^{\infty} \text{i}^m \text{J}_m(\beta) \cdot \delta\left[\omega - (\omega_{\text{c}} + m\omega_{\text{e}})\right] \tag{3.30}$$

在单模光纤中，光单边带信号载波和各阶边带的幅度与相位受到受激布里渊散射增益谱作用发生变化。所输出的光信号光场用表达式表示为

$$E_{\text{meas}}(\omega) = E_{\text{c}} E_{\text{SSB}}(\omega) \cdot H(\omega)$$

$$= E_{\text{c}} \sum_{m=0}^{\infty} \text{i}^m \text{J}_m(\beta) H(\omega_{\text{c}} + m\omega_{\text{e}}) \cdot \delta\left[\omega - (\omega_{\text{c}} + m\omega_{\text{e}})\right] \tag{3.31}$$

其中，$H(\omega) = H_{\text{SBS}}(\omega) \cdot H_{\text{sys}}(\omega)$，$H_{\text{SBS}}(\omega)$ 为受激布里渊散射增益谱的传输函数，$H_{\text{sys}}(\omega)$ 为测量系统的传输函数。

光电探测器对光信号进行平方律检波，将光信号转换为光电流，即

$$i(t) = \eta E_{\text{meas}}(t) \cdot E_{\text{meas}}^*(t) \tag{3.32}$$

其中，$E_{\text{meas}}(t)$ 是 $E_{\text{meas}}(\omega)$ 的傅里叶逆变换，

$$E_{\text{meas}}(t) = E_{\text{c}} \sum_{m=0}^{\infty} H(\omega_{\text{c}} + m\omega_{\text{e}}) \, \text{i}^m \text{J}_m(\beta) \exp\left[\text{i}(\omega_{\text{c}} + m\omega_{\text{e}})t\right] \tag{3.33}$$

考虑到在单边带扫频光矢量分析中，接收机仅接收与微波矢量网络分析仪输出信号具有相同频率的微波信号，即角频率为 ω_{e} 的微波信号，可将光电流简化为

$$i_{\omega_{\text{e}}}(t) = 2\eta E_{\text{c}}^2 \sum_{m=0}^{\infty} \text{i} \text{J}_{m+1}(\beta) \, \text{J}_m(\beta) \, H\left[\omega_{\text{c}} + (m+1)\omega_{\text{e}}\right] \cdot H^*(\omega_{\text{c}} + m\omega_{\text{e}}) \exp(\text{i}\omega_{\text{e}}t)$$
$$\tag{3.34}$$

从式 (3.34) 可以看出，频率为 ω_{e} 的频率分量由 $m+1$ 阶和 m 阶边带拍频产生。

实际测量中，式 (3.30) 通常假设为理想的光单边带信号。此时，式 (3.34) 光电流表达式可简写为

$$i(\omega_{\text{e}}) = 2\eta E_{\text{c}}^2 \text{J}_0(\beta) \, \text{J}_1(\beta) \, H(\omega_{\text{c}} + \omega_{\text{e}}) \, H^*(\omega_{\text{c}}) \tag{3.35}$$

根据式 (3.35)，可得到受激布里渊散射增益谱和测量系统的联合传输函数

$$H(\omega_{\text{c}} + \omega_{\text{e}}) = \frac{i(\omega_{\text{e}})}{2\eta E_{\text{c}}^2 \text{J}_0(\beta) \, \text{J}_1(\beta) \, H^*(\omega_{\text{c}})} \tag{3.36}$$

实际光矢量分析系统的系统响应会影响测量结果。为消除其影响，采用直通校准技术对测量系统进行校准。具体而言，将两测试端口直接相连，此时，测得的频谱响应即为测试系统本身的频谱响应，其表达式如下：

$$H_{\text{sys}}(\omega_{\text{c}} + \omega_{\text{e}}) = \frac{i_{\text{sys}}(\omega_{\text{e}})}{2\eta E_{\text{c}}^2 \text{J}_0(\beta) \, \text{J}_1(\beta) \, H_{\text{sys}}^*(\omega_{\text{c}})} \tag{3.37}$$

根据式 (3.36) 和式 (3.37)，可得到受激布里渊散射增益谱的传输函数

$$H_{\text{SBS}}(\omega_{\text{o}} + \omega_{\text{e}}) = \frac{H(\omega_{\text{o}} + \omega_{\text{e}})}{H_{\text{sys}}(\omega_{\text{o}} + \omega_{\text{e}})} \tag{3.38}$$

然而，只有当 $\beta \to 0$ 时，可以获得理想的光单边带信号。当 $\beta \neq 0$ 时，高阶边带将会出现。因而，在实际测量过程中，传输函数的表达式应为

$$H_{\mathrm{meas}}\left(\omega_{\mathrm{o}}+\omega_{\mathrm{e}}\right) = \frac{i\left(\omega_{\mathrm{e}}\right)}{2\eta E_{\mathrm{c}}^2 \mathrm{J}_0\left(\beta\right)\mathrm{J}_1\left(\beta\right)H^*\left(\omega_{\mathrm{c}}\right)}$$

$$= H\left(\omega_{\mathrm{c}}+\omega_{\mathrm{e}}\right) + \Delta \qquad (3.39)$$

其中，Δ 为测得传输函数与实际传输函数之间的误差，该误差是由高阶边带引入的，其表达式为

$$\Delta = \frac{\displaystyle\sum_{m=1}^{\infty}\mathrm{i}\mathrm{J}_{m+1}\left(\beta\right)\mathrm{J}_m\left(\beta\right)H\left[\omega_{\mathrm{c}}+\left(m+1\right)\omega_{\mathrm{e}}\right]H^*\left(\omega_{\mathrm{c}}+m\omega_{\mathrm{e}}\right)}{\mathrm{J}_0\left(\beta\right)\mathrm{J}_1\left(\beta\right)H^*\left(\omega_{\mathrm{c}}\right)} \qquad (3.40)$$

与此类似，在系统校准过程中，实际测得的系统传输函数应为

$$H_{\mathrm{sys}}^{\mathrm{meas}}\left(\omega_{\mathrm{o}}+\omega_{\mathrm{e}}\right) = \frac{i_{\mathrm{sys}}\left(\omega_{\mathrm{e}}\right)}{2\eta E_{\mathrm{c}}^2 \mathrm{J}_0\left(\beta\right)\mathrm{J}_1\left(\beta\right)H_{\mathrm{sys}}^*\left(\omega_{\mathrm{c}}\right)}$$

$$= H_{\mathrm{sys}}\left(\omega_{\mathrm{c}}+\omega_{\mathrm{e}}\right) + \Delta_{\mathrm{sys}} \qquad (3.41)$$

其中，Δ_{sys} 是系统校准时测得的系统传输函数与实际传输函数间的误差，其表达式为

$$\Delta_{\mathrm{sys}} = \frac{\displaystyle\sum_{m=1}^{\infty}\mathrm{i}\mathrm{J}_{m+1}\left(\beta\right)\mathrm{J}_m\left(\beta\right)H_{\mathrm{sys}}\left[\omega_{\mathrm{c}}+\left(m+1\right)\omega_{\mathrm{e}}\right]H_{\mathrm{sys}}^*\left(\omega_{\mathrm{c}}+m\omega_{\mathrm{e}}\right)}{\mathrm{J}_0\left(\beta\right)\mathrm{J}_1\left(\beta\right)H_{\mathrm{sys}}^*\left(\omega_{\mathrm{c}}\right)} \qquad (3.42)$$

因而，实际测量过程中，所测得的光器件传输函数为

$$H_{\mathrm{SBS}}\left(\omega_{\mathrm{o}}+\omega_{\mathrm{e}}\right) = \frac{H_{\mathrm{meas}}\left(\omega_{\mathrm{c}}+\omega_{\mathrm{e}}\right)}{H_{\mathrm{sys}}^{\mathrm{meas}}\left(\omega_{\mathrm{c}}+\omega_{\mathrm{e}}\right)}$$

$$= \frac{H\left(\omega_{\mathrm{c}}+\omega_{\mathrm{e}}\right) + \Delta}{H_{\mathrm{sys}}\left(\omega_{\mathrm{o}}+\omega_{\mathrm{e}}\right) + \Delta_{\mathrm{sys}}} \qquad (3.43)$$

本节采用仿真测量和实验测量相互验证的方式，直观地给出各高阶边带对光矢量分析准确度的影响。待测光器件为单模光纤中受激布里渊散射增益谱，仿真和实验分别采用理想光单边带信号、含 +2 阶边带的光单边带信号、含 +2 阶和 +3 阶边带的光单边带信号测量 SBS 增益谱的幅度与相位响应。

图 3.32 为当调制系数为 1.4 rad 时, 仿真测得的受激布里渊散射增益谱幅度和相位响应。从图中可以看出, +2 阶和 +3 阶边带将引入测量误差, 影响矢量分析的准确度。其中, +2 阶边带因其功率远大于 +3 阶边带且接近光载波功率, 引入了极为明显的测量误差, 含 +2 阶边带光单边带信号仿真测得的受激布里渊散射增益谱幅度和相位响应明显区别于理想光单边带的仿真测量结果。+3 阶边带功率较小, 对光矢量分析准确度的影响较小, 因而含 +2 阶和 +3 阶边带的光单边带信号仿真测得的幅度和相位响应与含 +2 阶边带的光单边带信号的测量结果几乎重合。

为验证上述仿真测量结果的正确性, 进行了实验验证。实验中, 激光器 (N7714A) 的波长为 1552.512 nm。光分束器将光载波分成两路: 一路经掺铒光

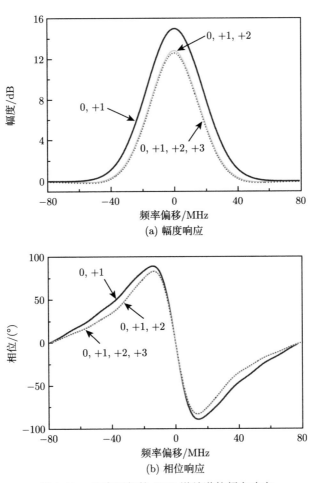

(a) 幅度响应

(b) 相位响应

图 3.32   仿真测得的 SBS 增益谱的频率响应

纤放大器 (EDFA) (Amonics Inc.) 放大, 用作受激布里渊散射的泵浦信号, 另一路光信号输入相位调制器 (EOSPACE Inc.) 的光输入口。相位调制器将矢量网络分析仪 (N5245A) 输出的微波信号调制到光载波上, 生成相位调制信号。可调谐光滤波器 (Finisar WaveShaper 4000S) 对相位调制信号进行滤波, 得到含所需高阶边带的光单边带信号。8 km 的单模光纤用作受激布里渊散射介质, 在泵浦光的作用下形成受激布里渊散射增益谱。高速光电探测器 (Finisar XPD2150R) 对经单模光纤传输后的光信号进行光电探测, 输出携带增益谱响应的光电流。矢量网络分析仪提取出该光电流的幅度和相位信息。在实验过程中, 光谱图均由光谱仪 (Yokogawa AQ6370C) 以 0.02 nm 的分辨率测得。

图 3.33 是相位调制信号的光谱和 WaveShaper 4000S 的三种滤波形状。采用这三种滤波形状对相位调制信号进行滤波, 可得到含不同高阶边带的三种光单边带信号, 即理想光单边带信号、含 +2 阶边带的光单边带信号以及含 +2 阶和 +3 阶边带的光单边带信号。三种光单边带信号光谱如图 3.34 所示。

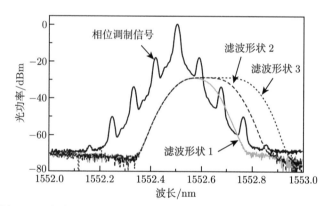

图 3.33　相位调制信号光谱和 WaveShaper 4000S 三种滤波形状

图 3.35 为实验测得的 8 km 单模光纤中受激布里渊散射增益谱的幅度和相位响应。从图中可以看出, +2 阶边带在测量结果中引入了较大的测量误差, 而 +3 阶边带引入的测量误差较小, 与仿真测量结果一致。需要说明的是, 与图 3.32 对比可知, 实验中 +2 阶边带对光矢量分析准确度的影响明显小于仿真中 +2 阶边带对准确度的影响。这是由于 WaveShaper 4000S 带通滤波形状边沿陡峭度有限, 实验中本应为理想光单边带信号的探测信号中仍包含残留的 +2 阶边带, 因而, 其测得的频谱响应中仍包含少量测量误差。从图 3.35 依然可明显看出, +2 阶边带对光矢量分析准确度具有较大的影响, +3 阶边带对光矢量分析准确度的影响相对较小, 与数值仿真结果十分吻合。因此, 要实现高精度的光矢量分析, 必须抑制光单边带信号中的 +2 阶边带。

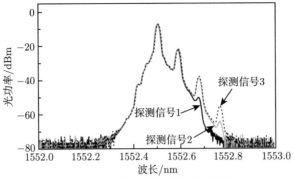

图 3.34 三种光单边带信号光谱图

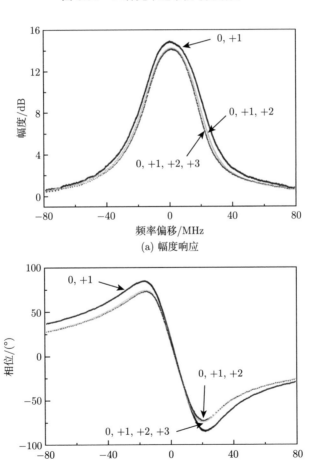

(a) 幅度响应

(b) 相位响应

图 3.35 实验测得的 SBS 增益谱的频率响应

3.3　本 章 小 结

　　本章建立了单边带扫频光矢量分析的误差模型，理论和仿真分析了光单边带信号中残留镜像边带与非线性边带对光矢量分析准确度及动态范围的影响，并对相关结论进行了实验验证。本章的成果可为高精度、大动态范围光矢量分析系统的构建提供指导。

第 4 章　单边带扫频光矢量分析的误差消除

由第 3 章的分析结果可知，光单边带信号中镜像边带和非线性高阶边带对单边带扫频光矢量分析准确度和动态范围具有较大影响。要实现高精度光矢量分析，必须消除这些误差。本章将介绍单边带扫频光矢量分析的误差消除技术和动态范围提升技术，包括基于 120° 微波电桥的高线性光单边带调制技术 [64]、基于载波抑制的误差消除技术 [86]、基于载波滤除和平衡探测的误差消除技术 [87] 以及基于希尔伯特变换和平衡探测的误差消除技术 [88] 等。

4.1　高线性光单边带调制

4.1.1　高线性光单边带调制的实现方法

由 3.2 节的分析可知，在扫频边带为 +1 阶边带时，电光调制非线性测量误差中 +2 阶边带带来的误差占据了相当大的比例。尤其当电光调制器工作在较小的调制系数时，非线性误差几乎都是由 +2 阶边带引入的。因此，要实现高准确度光矢量分析，必须有效抑制 +2 阶边带。

图 4.1 是移相对消光单边带产生单元的结构框图。激光器输出的光载波信号送入双驱动马赫-曾德尔调制器；微波电桥将微波源输出的微波信号分成功率相等、相位相差 φ 的两路，分别输至双驱动马赫-曾德尔调制器的两个射频输入端口；给双驱动马赫-曾德尔调制器加载适当的直流偏置，对其上下两个调制臂引入恒定的相位差 ϕ_0。假设激光器输出的光载波表达式为 $E_c \exp(\mathrm{i}\omega_c t)$，那么双驱动马赫-曾德尔调制器输出的光调制信号用表达式表示为

$$E(t) = E_c \exp(\mathrm{i}\omega_c t)\left\{\exp\left[\mathrm{i}\beta_1 \cos\left(\omega_e t + \varphi\right)\right] + \exp\left[\mathrm{i}\beta_2 \cos\left(\omega_e t\right) + \mathrm{i}\phi_0\right]\right\} \quad (4.1)$$

其中，β_1 和 β_2 分别为双驱动马赫-曾德尔调制器上下两个调制臂的调制系数，ω_e 为微波信号的角频率。根据雅可比-安格尔展开式，式 (4.1) 可改写为

$$\begin{aligned}
E(t) &= \sum_{m=-\infty}^{\infty} E_c \mathrm{i}^m \left\{ \mathrm{J}_m(\beta_1) \exp\left[\mathrm{i}\left(\omega_c + m\omega_e\right)t + \mathrm{i}m\varphi\right]\right.\\
&\quad\left. + \mathrm{J}_m(\beta_2) \exp\left[\mathrm{i}\left(\omega_c + m\omega_e\right)t + \mathrm{i}\phi_0\right]\right\}\\
&= \sum_{m=-\infty}^{\infty} E_c \mathrm{i}^m \exp\left[\mathrm{i}(\omega_c + m\omega_e)t\right]\left[\mathrm{J}_m(\beta_1) \exp\left(\mathrm{i}m\varphi\right) + \mathrm{J}_m(\beta_2) \exp\left(\mathrm{i}\phi_0\right)\right] \quad (4.2)
\end{aligned}$$

其中，$J_m(\beta)$ 是第一类贝塞尔函数第 m 阶系数。

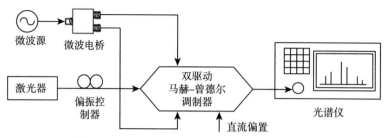

图 4.1　移相对消光单边带产生单元的结构框图

对于光单边带信号而言，-2 阶、-1 阶、0 阶 (光载波)、$+1$ 阶和 $+2$ 阶边带是最为重要的边带，其光场表达式可从式 (4.2) 获得

$$E_{-2}(t) = E_c \exp(i\pi) \left[J_2(\beta_1) \exp(-i2\varphi) + J_2(\beta_2) \exp(i\phi_0)\right] \exp\left[i\left(\omega_c t - 2\omega_e t\right)\right]$$

$$E_{-1}(t) = E_c \exp\left(i\frac{\pi}{2}\right) \left[J_1(\beta_1) \exp(-i\varphi) + J_1(\beta_2) \exp(i\phi_0)\right] \exp\left[i\left(\omega_c t - \omega_e t\right)\right]$$

$$E_0(t) = E_c \left[J_0(\beta_1) + J_0(\beta_2) \exp(i\phi_0)\right] \exp(i\omega_c t)$$

$$E_{+1}(t) = E_c \exp\left(i\frac{\pi}{2}\right) \left[J_1(\beta_1) \exp(i\varphi) + J_1(\beta_2) \exp(i\phi_0)\right] \exp\left[i\left(\omega_c t + \omega_e t\right)\right]$$

$$E_{+2}(t) = E_c \exp(i\pi) \left[J_2(\beta_1) \exp(i2\varphi) + J_2(\beta_2) \exp(i\phi_0)\right] \exp\left[i\left(\omega_c t + 2\omega_e t\right)\right]$$

$$(4.3)$$

这些边带的光功率分别为

$$P_{-2} = E_c^2 \left[J_2^2(\beta_1) + J_2^2(\beta_2) + 2J_2(\beta_1)J_2(\beta_2) \cos\left(2\varphi + \phi_0\right)\right]$$

$$P_{-1} = E_c^2 \left[J_1^2(\beta_1) + J_1^2(\beta_2) + 2J_1(\beta_1)J_1(\beta_2) \cos\left(\varphi + \phi_0\right)\right]$$

$$P_0 = E_c^2 \left[J_0^2(\beta_1) + J_0^2(\beta_2) + 2J_0(\beta_1)J_0(\beta_2) \cos\left(\phi_0\right)\right] \qquad (4.4)$$

$$P_{+1} = E_c^2 \left[J_1^2(\beta_1) + J_1^2(\beta_2) + 2J_1(\beta_1)J_1(\beta_2) \cos\left(\varphi - \phi_0\right)\right]$$

$$P_{+2} = E_c^2 \left[J_2^2(\beta_1) + J_2^2(\beta_2) + 2J_2(\beta_1)J_2(\beta_2) \cos\left(2\varphi - \phi_0\right)\right]$$

由式 (4.4) 可知，要实现同时抑制 -1 阶和 $+2$ 阶边带的光单边带调制，需满足以下条件

$$\begin{cases} \beta_1 = \beta_2 \\ \cos\left(\varphi + \phi_0\right) = -1 \\ \cos\left(2\varphi - \phi_0\right) = -1 \end{cases} \qquad (4.5)$$

从上述条件可得

$$\begin{cases} \beta_1 = \beta_2 \\ \varphi = 2\pi/3 \\ \phi_0 = \pi/3 \end{cases} \tag{4.6}$$

式 (4.6) 表明,采用 120° 微波电桥 ($\varphi=2\pi/3$) 和双驱动马赫-曾德尔调制器,并辅以适当的直流偏置 ($\phi_0 = \pi/3$),即可同时抑制 -1 阶和 $+2$ 阶边带。在微波领域,可采用双层微波电路板,通过中间的椭圆形耦合窗,将上层和底层的椭圆形微带贴片进行耦合,实现宽带 120° 微波电桥[89],也可采用微带线连接矩形低阻抗微带贴片的方式实现[90]。

对于光单边带信号,光载波和一阶边带拍频信号的功率是其重要参数之一。这是因为在单边带扫频光矢量分析系统中,其有效信息承载于一阶边带。只有将一阶边带与光载波拍频后,才能将所承载的信息转换至电域,进而采用成熟的微波幅相提取技术提取其幅度和相位信息。由式 (4.3) 可得,120° 移相法生成的光单边带信号载波和边带分别为

$$\begin{cases} E_{0,120}(t) = \sqrt{3}E_c J_0(\beta) \exp\left[i\left(\omega_c t + \frac{\pi}{6}\right)\right] \\ E_{+1,120}(t) = \sqrt{3}E_c J_1(\beta) \exp\left[i\left(\omega_c t + \omega_e t + \pi\right)\right] \end{cases} \tag{4.7}$$

两者拍频后,光电流中交流分量可写成

$$\begin{aligned} E_{RF,120}(t) &= \eta\left(E_{0,120}^* \cdot E_{+1,120} + E_{+1,120}^* \cdot E_{0,120}\right) \\ &= 6\eta E_c^2 J_0(\beta) J_1(\beta) \cos\left(\omega_e t + \frac{5\pi}{6}\right) \end{aligned} \tag{4.8}$$

其中,η 是光电探测器的响应系数。

作为对比,传统 90° 移相法生成的光单边带信号载波和 $+1$ 阶边带分别为

$$\begin{cases} E_0^{90}(t) = \sqrt{2}E_c J_0(\beta) \exp\left[i\left(\omega_c t + \frac{\pi}{4}\right)\right] \\ E_{+1}^{90}(t) = 2E_c J_1(\beta) \exp\left[i\left(\omega_c t + \omega_e t\right)\right] \end{cases} \tag{4.9}$$

两者拍频后,光电流中交流分量可写成

$$\begin{aligned} E_{RF,90}(t) &= \eta\left(E_{0,90}^* \cdot E_{+1,90} + E_{+1,90}^* \cdot E_{0,90}\right) \\ &= 4\sqrt{2}\eta E_c^2 J_0(\beta) J_1(\beta) \cos\left(\omega_e t - \frac{\pi}{4}\right) \end{aligned} \tag{4.10}$$

对比式 (4.8) 和式 (4.10),两种光单边带信号光电流功率的比值为

$$\frac{P_{RF,120}}{P_{RF,90}} = \frac{9}{8} \approx 0.512 \text{ (dB)} \tag{4.11}$$

图 4.2 是 90° 和 120° 移相法生成的光单边带信号对应的光电流功率随调制系数的变化曲线。仿真条件为：光单边带信号功率为 10 dBm，光电探测器响应系数为 0.8 A/W。从图中可以看出，相同调制系数情况下，采用 120° 移相法生成的光电流功率比采用 90° 移相法生成的光电流高 0.512 dB，与式 (4.11) 结果相吻合。当调制系数为 1.09 rad 时，两种光单边带信号拍频输出的微波信号功率达到最大值。

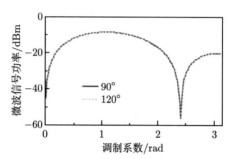

图 4.2   微波信号功率随调制系数变化曲线

光功率是光单边带信号的另一关键参数。120° 移相法生成的光单边带信号为

$$E_{120}(t) = E_c \exp(\mathrm{i}\omega_c t) \left\{ \exp\left[\mathrm{i}\beta \cos\left(\omega_e t + \frac{2\pi}{3}\right)\right] + \exp\left[\mathrm{i}\beta \cos\left(\omega_e t\right) + \mathrm{i}\frac{\pi}{3}\right] \right\}$$
$$(4.12)$$

其光功率为

$$
\begin{aligned}
P_{120} &= E_{120}(t) \cdot E_{120}(t)^* \\
&= E_c^2 \left[2 + \mathrm{J}_0\left(\sqrt{3}\beta\right)\right]
\end{aligned}
$$
$$(4.13)$$

作为对比，传统 90° 移相法生成的光单边带信号的表达式为

$$E_{90}(t) = E_c \exp(\mathrm{i}\omega_c t) \left\{ \exp\left[\mathrm{i}\beta \cos\left(\omega_e t + \frac{\pi}{2}\right)\right] + \exp\left[\mathrm{i}\beta \cos\left(\omega_e t\right) + \mathrm{i}\frac{\pi}{2}\right] \right\} \quad (4.14)$$

其光功率为

$$P_{90} = 2E_c^2 \qquad\qquad\qquad (4.15)$$

图 4.3 是光单边带信号光功率随调制系数变化曲线。调制系数为 1.39 rad 时，两光单边带信号具有相同光功率。实际使用时，电光调制器调制系数往往小于 1.39 rad。因而，120° 移相法生成的单边带信号光功率一般大于 90° 移相法生成的信号光功率。

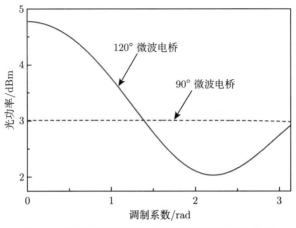

图 4.3 光单边带信号光功率随调制系数变化曲线

上述解析分析和数值仿真中，假设双驱动马赫-曾德尔调制器两射频输入端口的微波信号功率完全相等且相位差是理想的，这在实验中难以做到。为了评估所提光单边带调制方法与传统方法对两路微波驱动信号功率平衡度和相位差准确度的敏感程度，进行功率平衡度和相位差准确度影响边带抑制比的仿真研究。图 4.4 是调制系数为 1 rad 时，光单边带信号边带抑制比随调制系数偏差和相位偏差的变化曲线。从图中可看出，相同调制系数误差或相位差误差的情况下，90° 移相法生成的光单边带信号边带抑制比总是略大于 120° 移相法生成的光单边带信号，两种方法生成的光单边带信号边带抑制比随调制系数误差和相位差误差变化的趋势是一致的。

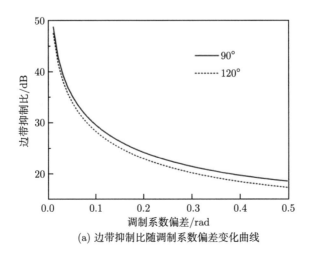

(a) 边带抑制比随调制系数偏差变化曲线

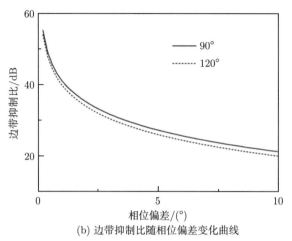

(b) 边带抑制比随相位偏差变化曲线

图 4.4   边带抑制比随调制系数偏差和相位偏差变化曲线

4.1.2   高线性光单边带调制的数值分析与实验验证

本节采用仿真和实验相结合的方式对比分析 120° 和 90° 移相法。仿真中，假设双驱动马赫-曾德尔调制器的消光比 (extinction ratio, ER) 为 30 dB，激光器的线宽为 100 kHz，微波信号的频率为 10 GHz。90° 和 120° 微波电桥均是理想的，都能将微波源输出的微波信号分成功率完全相等、相位相差 90° 或 120° 的两路。

实验中，微波矢量信号发生器 (E8267D) 和可调谐光源 (N7714A) 分别用作微波源和光源。双驱动马赫-曾德尔调制器 (Fujitsu FTM7921ER) 的电光带宽为 10 GHz，半波电压为 2.6V。光信号光谱由光谱仪 (Yokogawa AQ6370C) 以 0.02 nm 的分辨率测得。

图 4.5 是调制系数为 $\pi/3$ rad 时，90° 和 120° 移相法生成的光单边带信号仿真光谱图。仿真中，双驱动马赫-曾德尔调制器消光比是有限的，光单边带信号光谱中会有残留的 −1 阶边带。从图中可以看出，尽管两种移相法得到的光单边带信号具有相同边带抑制比，但 120° 移相法生成的光单边带信号中 +2 阶边带被抑制，其功率比 90° 移相法 +2 阶边带低 26.38 dB。

为验证上述仿真结果，进行了实验研究。图 4.6 是实验测得的两种光单边带信号在不同调制系数下的光谱图。两种情况下 −1 阶边带均被抑制。当调制系数分别为 1.92 rad、1.08 rad 和 0.61 rad 时，120° 移相法生成的光单边带信号中 +2 阶边带功率比 90° 移相法分别低 23.87 dB、19.92 dB 和 14.08 dB。图 4.7 是调制系数为 1.92 rad 时，两种光单边带信号光谱的对比图。

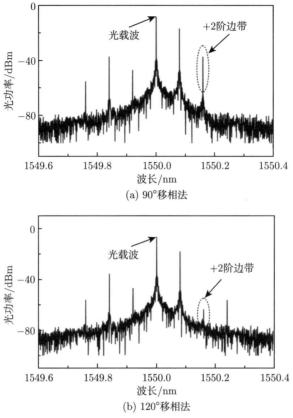

(a) 90°移相法

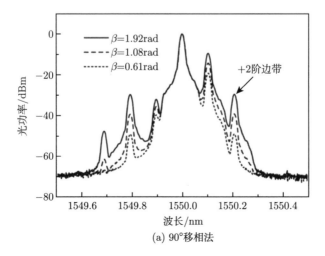

(b) 120°移相法

图 4.5 光单边带信号仿真光谱图

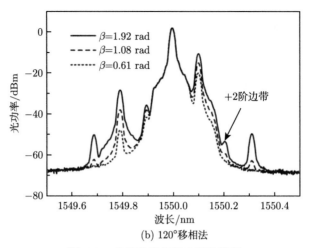

(b) 120°移相法

图 4.6　光单边带信号实测光谱图

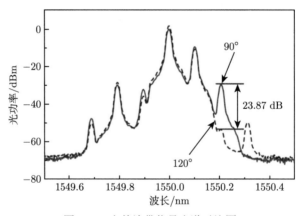

图 4.7　光单边带信号光谱对比图

　　尽管单边带扫频的光矢量分析技术具有超高的测量分辨率，但受光单边带信号中高阶边带的影响，难以实现高准确度测量。其中，+2 阶边带因其功率远高于其他高阶边带，在测量中引入的测量误差远大于其他高阶边带。120° 移相法可实现同时抑制 −1 阶和 +2 阶边带的光单边带调制 (或同时抑制 +1 阶和 −2 阶边带的光单边带调制)。若应用于光矢量分析系统，则可大幅度提高其测量准确度。数值仿真中，采用 90° 和 120° 移相法生成的光单边带信号，分别测量传输函数为 $H(\omega)=1$ 的光器件。图 4.8 为幅度测量误差随调制系数的变化曲线。可以看出，幅度测量误差均随调制系数的增大而增大。其中，90° 移相法生成的光单边带信号测得的幅值大于实际幅度，而 120° 移相法生成的光单边带信号测得的幅值小于实际幅度。90° 移相法生成的光单边带信号中含 +2 阶边带，120° 移相法不含该边带，90° 移相法的测量误差明显大于 120° 移相法的测量误差。

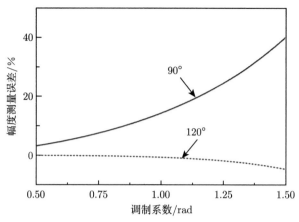

图 4.8　幅度测量误差随调制系数变化曲线

当电光调制器工作在小调制系数时，120° 移相法生成的光单边带信号测得结果几乎不含误差。当调制系数为 $\pi/3$ rad 时，采用 90° 移相法生成的光单边带信号测量误差高达 16.05 %，采用 120° 移相法测量误差仅为 −0.81%。这表明 120° 移相法生成的光单边带调制技术有效提高了光矢量分析技术的幅度测量准确度。值得指出的是，当待测器件传输函数 $H(\omega)=1$ 时，第 m 阶与第 $m+1$ 阶边带拍频得到的光电流分量具有相同的相位，因而，测得的相位响应不含误差。为了解 120° 移相法对相位响应测量准确度的提升程度，待测光器件的传输函数 $H(\omega)$ 必须设为复数。

图 4.9 是光纤布拉格光栅的实际响应与采用 90° 和 120° 移相法生成的单边带信号仿真测得的幅度和相位响应。该待测光纤布拉格光栅的实际阻带深度为 27.85 dB，相移量为 180°。从图中可以看出，采用所提光单边带调制技术仿真测

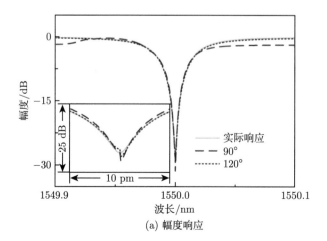

(a) 幅度响应

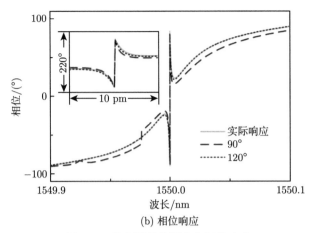

图 4.9   仿真测得的幅度和相位响应

得的幅度响应和相位响应与实际响应相吻合；采用传统光单边带调制技术仿真测得的幅度响应和相位响应明显区别于实际响应，存在不可忽略的测量误差。

4.2   基于载波抑制的误差消除技术

采用 4.1 节的高线性光单边带调制技术可在小调制系数情况下显著提高光矢量分析的准确度，但仍残留一定的非线性误差。尤其为提高光电探测器所输出光电流的信噪比，降低测量结果的随机波动，要求电光调制器工作于大调制系数情况。此外，硬件不理想性、测量系统响应的不平坦性会在系统校准时引入非线性误差。本节将介绍基于载波抑制的误差消除技术。

4.2.1   抑制载波消除误差的基本原理

图 4.10 是采用误差消除技术的光矢量分析系统框图。光单边带调制器将微波源输出的微波信号调制到光源输出的光载波上，输出光单边带信号；光单边带信号依次经过可调光滤波器和待测光器件；光电探测器接收待测光器件输出的光信号并进行平方律检波，输出光电流；幅相接收机以微波源输出的微波信号为参考，提取光电流的幅度和相位信息；控制及数据处理单元控制微波源进行频率扫描并记录幅相接收机提取的幅度和相位信息，得到待测光器件幅度响应和相位响应曲线。可调谐光滤波器可工作在两个状态：其一为全通状态，此时将不影响光单边带信号；其二为载波滤除状态，该状态下可调光滤波器滤除光单边带信号的光载波。

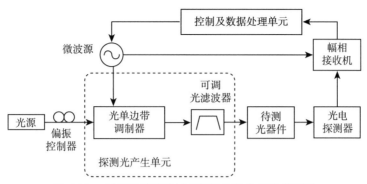

图 4.10 采用误差消除技术的光矢量分析系统框图

基于载波抑制的误差消除技术，理论上可完全消除电光调制非线性引入的测量误差。该误差消除技术分以下三步实施。

第一步：采用含光载波的光单边带信号测量待测光器件频谱响应，测量结果为待测光器件实际频谱响应与非线性误差的叠加。

第二步：抑制光单边带信号的载波，再次测量待测光器件，此时测量结果中只有非线性误差。

第三步：将第一次测量结果减去第二次测量结果即可消除非线性误差，得到待测光器件的精确频谱响应。

光单边带调制器输出的信号可用以下数学表达式表示

$$E_{\mathrm{SSB}}(\omega) = \sum_{\substack{n=-\infty \\ n \neq -1}}^{+\infty} E_n \cdot \delta\left[\omega - (\omega_{\mathrm{c}} + n\omega_{\mathrm{e}})\right] \tag{4.16}$$

其中，ω_{c} 和 ω_{e} 分别是光载波和微波信号的角频率，E_n 是第 n 阶光边带的复幅度。

经可调光滤波器传输后，光信号的光场可表示为

$$E_{\mathrm{probe}}(\omega) = \alpha \exp(\mathrm{i}\beta) E_0 \delta(\omega - \omega_{\mathrm{c}}) + \sum_{\substack{n=-\infty \\ n \neq -1,0}}^{+\infty} E_n \cdot \delta\left[\omega - (\omega_{\mathrm{c}} + n\omega_{\mathrm{e}})\right] \tag{4.17}$$

其中，α 和 β 分别是可调光滤波器对光单边带信号光载波的幅度衰减系数和相位改变量。

光信号经待测光器件传输时，其载波和边带受到待测光器件传输函数的作用，幅度和相位发生相应的改变。待测光器件输出的光信号为

$$E(\omega) = H(\omega) \cdot E_{\mathrm{probe}}(\omega)$$

$$= \alpha \exp{(\mathrm{i}\beta)} E_0 H\left(\omega_{\mathrm{c}}\right) \delta\left(\omega - \omega_{\mathrm{c}}\right)$$

$$+ \sum_{\substack{n=-\infty \\ n \neq -1,0}}^{+\infty} H\left(\omega_{\mathrm{c}} + n\omega_{\mathrm{e}}\right) E_n \cdot \delta\left[\omega - \left(\omega_{\mathrm{c}} + n\omega_{\mathrm{e}}\right)\right] \tag{4.18}$$

其中，$H(\omega) = H_{\mathrm{DUT}}(\omega) \cdot H_{\mathrm{sys}}(\omega)$，$H_{\mathrm{DUT}}(\omega)$ 和 $H_{\mathrm{sys}}(\omega)$ 分别是待测光器件和光矢量分析系统的传输函数。

光电探测器采用平方律检波的方式将上述光信号转换为光电流。由于幅相接收机只接收与微波源相同频率的微波信号，只需关心角频率为 ω_{e} 的光电流。其电场可表示为

$$i\left(\omega_{\mathrm{e}}\right) = \eta \alpha \exp{(-\mathrm{i}\beta)} E_{+1} E_0^* H\left(\omega_{\mathrm{c}} + \omega_{\mathrm{e}}\right) H^*\left(\omega_{\mathrm{c}}\right)$$

$$+ \eta \sum_{\substack{n=-\infty \\ n \neq -2,-1,0}}^{+\infty} E_{n+1} E_n^* H\left[\omega_{\mathrm{c}} + (n+1)\omega_{\mathrm{e}}\right] H^*\left(\omega_{\mathrm{c}} + n\omega_{\mathrm{e}}\right) \tag{4.19}$$

其中，η 是光电探测器的响应系数。

在单边带扫频光矢量分析中，光单边带信号光载波不受可调光滤波器作用，亦即 $\alpha = 1$，$\beta = 0$。此时，光电流的表达式为

$$i_{\mathrm{meas}}\left(\omega_{\mathrm{e}}\right) = \eta E_{+1} E_0^* H\left(\omega_{\mathrm{c}} + \omega_{\mathrm{e}}\right) H^*\left(\omega_{\mathrm{c}}\right)$$

$$+ \eta \sum_{\substack{n=-\infty \\ n \neq -2,-1,0}}^{+\infty} E_{n+1} E_n^* H\left[\omega_{\mathrm{c}} + (n+1)\omega_{\mathrm{e}}\right] H^*\left(\omega_{\mathrm{c}} + n\omega_{\mathrm{e}}\right) \tag{4.20}$$

其中，等号右边第一部分为待测光器件实际频谱响应，第二部分为相邻高阶边带拍频信号引入的误差，即非线性误差。若电光调制器的调制系数趋于 0，则可使式 (4.20) 等号右边第二部分 (即非线性误差) 趋于 0。然而，在实际测量过程中，调制系数不可能等于 0。尤其为提高光电流信噪比，抑制测量结果中的随机波动，电光调制器的调制系数往往较大，使得测量结果中存在不可忽略的非线性误差。因此，要实现高精度光矢量分析，必须抑制非线性误差，即式 (4.20) 等号右边第二部分。

若使 $\alpha \approx 0$(抑制光载波)，可得到式 (4.20) 等号右边第二部分，即非线性误差。其表达式为

$$i_{\mathrm{error}}\left(\omega_{\mathrm{e}}\right) = \eta \sum_{\substack{n=-\infty \\ n \neq -2,-1,0}}^{+\infty} E_{n+1} E_n^* H\left[\omega_{\mathrm{c}} + (n+1)\omega_{\mathrm{e}}\right] H^*\left(\omega_{\mathrm{c}} + n\omega_{\mathrm{e}}\right) \tag{4.21}$$

式 (4.20) 减去式 (4.21) 即可得到不含非线性误差的光电流, 即

$$i\left(\omega_{\mathrm{e}}\right) = \eta E_{+1}E_0^* H\left(\omega_{\mathrm{c}} + \omega_{\mathrm{e}}\right) H^*\left(\omega_{\mathrm{c}}\right) \tag{4.22}$$

直通校准将两光测试端口直接相连, 即 $H_{\mathrm{DUT}}(\omega)=1$, 可测得光矢量分析系统的传输函数 $H_{\mathrm{sys}}(\omega)$。此时, 处理后的光电流为

$$i_{\mathrm{sys}}\left(\omega_{\mathrm{e}}\right) = \eta E_{+1}E_0^* H_{\mathrm{sys}}\left(\omega_{\mathrm{c}} + \omega_{\mathrm{e}}\right) H_{\mathrm{sys}}^*\left(\omega_{\mathrm{c}}\right) \tag{4.23}$$

根据式 (4.22) 和式 (4.23), 可以得到待测光器件精确的频谱响应, 其表达式为

$$H_{\mathrm{DUT}}\left(\omega_{\mathrm{o}} + \omega_{\mathrm{e}}\right) = \frac{i\left(\omega_{\mathrm{e}}\right)}{i_{\mathrm{sys}}\left(\omega_{\mathrm{e}}\right) H_{\mathrm{DUT}}^*\left(\omega_{\mathrm{o}}\right)} \tag{4.24}$$

其中, $H_{\mathrm{DUT}}^*(\omega_{\mathrm{o}})$ 为待测光器件在光载波处响应的共轭, 是一个常数。

4.2.2 抑制载波消除误差的实验验证

图 4.11 是采用误差消除技术的光矢量分析系统实验框图。探测光产生单元由偏振调制器、偏振控制器、检偏器以及可调光滤波器组成, 它将微波矢量网络分析仪 (N5245A) 输出的微波信号调制到四通道可调谐激光器 (N7714A) 输出的光载波上, 形成光单边带探测信号。其中, 偏振调制器 (Versawave Inc.) 电光带宽为 40 GHz, 半波电压为 3.5 V@1 GHz; 可调光滤波器为可编程光滤波器 (Finisar WaveShaper 4000S), 可工作在两种不同状态, 使探测光产生单元输出含载波的光单边带信号与不含载波的光单边带信号, 其两种滤波形状如图 4.12(a) 所示。

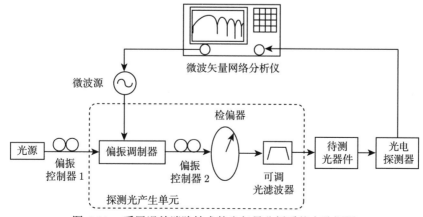

图 4.11 采用误差消除技术的光矢量分析系统实验框图

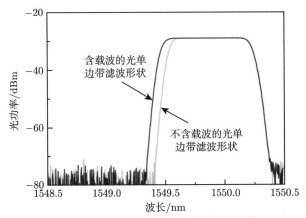

(a) WaveShaper 4000S 的两种滤波形状

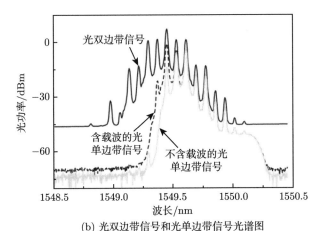

(b) 光双边带信号和光单边带信号光谱图

图 4.12　两种滤波形状下光双边带信号和光单边带信号光谱图

图 4.12(b) 为光双边带信号、光单边带信号和载波抑制光单边带信号的光谱图。为使偏振调制器工作在大调制系数，采用 43 GHz 宽带微波放大器 (Centellax OA4MVM3) 放大微波矢量网络分析仪输出的微波信号。待测光器件为 TeraXion 公司生产的光纤布拉格光栅。50 GHz 光电探测器 (Finisar XPD2150R) 将待测光纤布拉格光栅输出的光信号转换为光电流，而后在微波矢量网络分析仪提取其幅度和相位信息。实验中，光谱均由光谱分析仪 (Yokogawa AQ6370C) 以 0.02 nm 的分辨率测得。

图 4.13 是调制系数为 1.68 rad 时测得的幅度响应和相位响应。当探测信号为含光载波的单边带信号时，测得待测光纤布拉格光栅与光矢量分析系统的联合幅度响应和相位响应分别如图 4.13(a1) 和 (a2) 所示；直通校准系统时 (两光测试端口直接相连)，测得的光矢量分析系统幅度响应和相位响应分别如图 4.13(b1)

和 (b2) 所示。传统光矢量分析技术将待测光纤布拉格光栅与测量系统的联合响应除去系统的响应，得到待测光器件的幅度响应和相位响应，分别如图 4.13(c1) 和 (c2) 所示。从图中可以看出，此时获得的幅度响应和相位响应中存在明显的误差。这是因为两次测量都存在较大的非线性误差。

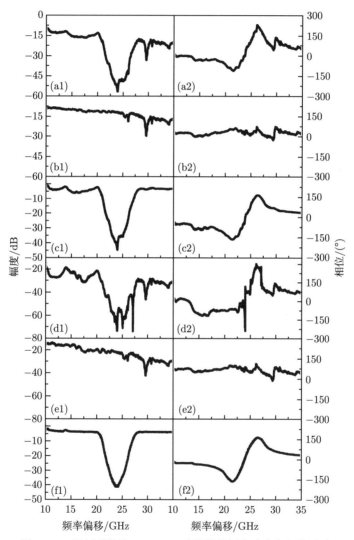

图 4.13 调制系数为 1.68 rad 时测得的幅度响应和相位响应

根据上述解析分析可知，采用抑制载波的光单边带信号可单独测出非线性误差。调节 WaveShaper 4000S 使探测光产生单元输出载波抑制的光单边带信号。图 4.13(d1) 和 (d2) 是采用载波抑制光单边带信号测得的待测光纤布拉格光栅和光矢量分析系统的联合响应，即非线性误差；图 4.13(e1) 和 (e2) 是直通校准时，采用抑制载波光单边带信号测得的系统响应，即系统校准中的非线性误差。将光单边带信号测得的联合响应 (图 4.13(a1) 和 (a2)) 减去载波抑制的光单边带信号测得的非线性误差 (图 4.13(d1) 和 (d2))，可以得到待测光器件和光矢量分析系统的准确响应。同理可得光矢量分析系统的准确响应。从待测光纤布拉格光栅和光矢量分析系统联合响应中扣除系统响应，即可获得待测光器件的准确响应，如图 4.13(f1) 和 (f2) 所示。

图 4.14 是调制系数为 1.68 rad 时，传统光矢量分析技术测得的幅度响应和相位响应，以及采用误差消除技术测得的幅度响应和相位响应。从图中可以看出，基于载波抑制的误差消除技术可有效消除电光调制器引入的非线性测量误差。

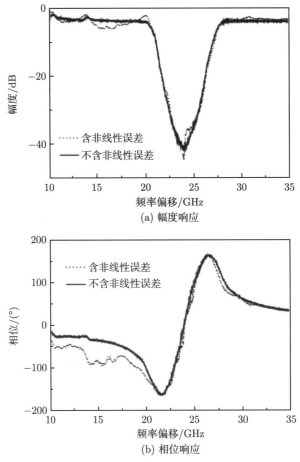

(a) 幅度响应

(b) 相位响应

图 4.14　采用误差消除技术测得的频率响应

图 4.15 是不同调制系数时测得的光纤布拉格光栅幅度响应和相位响应。作为对比,实验中采用商用仪表 LUNA OVA5000 进行了测量。从图中可以看出,当电光调制器工作在不同调制系数时,所测得的响应几乎完全一致。这充分说明,该方法有效抑制了非线性误差,提高了测量准确度。所测得的响应也与商用光矢量分析仪 LUNA OVA5000 的测量结果吻合,且具有更高的分辨率。

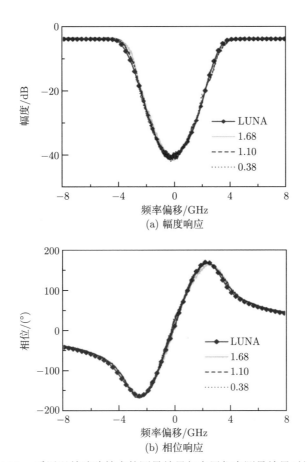

图 4.15 采用误差消除技术的测量结果与商用仪表测量结果对比图

对于单边带扫频光矢量分析,电光调制器的调制系数越大,光电探测器输出光电流的信噪比越大,测得的响应噪声越小。这是因为调制系数越大光单边带信号中一阶边带功率越大,其与载波拍频得到的光电流功率也越大。若电光调制器工作于小调制系数,则测量阻带响应时拍频得到的光电流会比较微弱,甚至有可能低于噪底,这使得幅相接收机无法提取其准确的幅度和相位信息。图 4.16 是不同调制系数时测得的光纤布拉格光栅阻带底部幅度响应。从图中可以看出，调制系数越小，测得的幅度响应噪声就越大。由于基于载波抑制的误差消除技术可使单边带扫频光矢量分析系统工作在大调制系数时也能准确测得待测光纤布拉格光栅的幅度响应和相位响应。因此，该技术既可抑制非线性误差，又能降低测量噪声、提升动态范围。

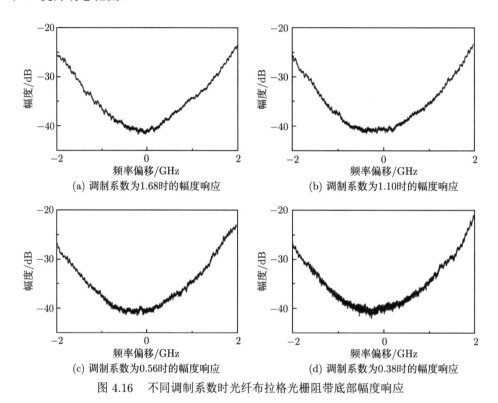

(a) 调制系数为1.68时的幅度响应   (b) 调制系数为1.10时的幅度响应

(c) 调制系数为0.56时的幅度响应   (d) 调制系数为0.38时的幅度响应

图 4.16   不同调制系数时光纤布拉格光栅阻带底部幅度响应

4.3   基于载波抑制和平衡探测的实时误差消除技术

采用 4.2 节所提的基于载波抑制的误差消除技术可有效消除非线性误差，提高光矢量分析准确度。然而，该误差消除技术需采用光单边带信号和载波抑制的光单边带信号进行两次测量并进行数据处理消除非线性误差，这将使得测量时间增加一倍，系统更为复杂。此外，高精细光器件 (如微球、微盘、微环等) 对外界环境扰动 (温度变化、振动等) 极其敏感，其频谱响应在两次测量过程极有可能发生改变 (如中心波长漂移、阻带深度变化等)，这会在测量结果中引入新的测量误差。

为提高测量效率、避免两次测量中待测光器件频谱响应变化引入的测量误差，本节提出基于载波抑制和平衡光电探测的实时误差消除技术。该误差消除技术可在测量过程中实时消除非线性误差，因而不会增加测量时间和引入新的测量误差。本节将从理论和实验两方面介绍该实时误差消除技术。

4.3.1 实时误差消除技术的基本原理

图 4.17 为采用实时误差消除技术的光矢量分析系统原理框图。光单边带调制器将微波源输出的微波信号调制到光源输出的光载波上，生成光单边带信号；光单边带信号经待测光器件后，由光分束器分成两路；一路直接输至平衡光电探测器 (balanced photodetector, BPD) 的一个光输入入口，另一路经光滤波器滤除载波后输至平衡光电探测器的另一个光输入入口。调节两光路的长度和插损，使两个光边带经历的损耗相同且同时进入光电探测器，这样光电流会在平衡光电探测器中相减，消除掉共模噪声和公共分量；幅相接收机以微波源输出的信号为参考，提取平衡光电探测器光电流的幅度和相位信息；控制及数据处理单元控制微波源进行频率扫描，同时接收幅相接收机所提取的幅度和相位信息，从而得到待测光器件的幅度响应和相位响应。

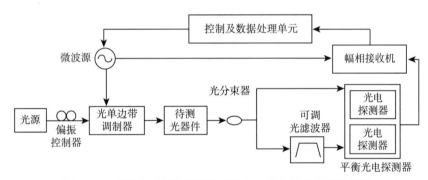

图 4.17 采用实时误差消除技术的光矢量分析系统原理框图

光单边带信号经待测光器件传输时，其载波和各阶边带受待测光器件传输函数的作用，幅度与相位发生相应改变。光分束器将光信号等分成两路，一路直接输至平衡光电探测器，另一路滤除载波后输至平衡光电探测器。假设下路光载波被滤除，两路光信号可写成

$$E_{\text{upper}}(\omega) = E_0 H(\omega_{\text{c}}) \delta(\omega - \omega_{\text{c}}) + \sum_{\substack{n=-\infty \\ n \neq -1,0}}^{+\infty} H(\omega_{\text{c}} + n\omega_{\text{e}}) E_n \cdot \delta[\omega - (\omega_{\text{c}} + n\omega_{\text{e}})]$$

$$(4.25)$$

$$E_{\text{lower}}(\omega) = \sum_{\substack{n=-\infty \\ n \neq -1,0}}^{+\infty} E_n \cdot H(\omega_{\text{c}} + n\omega_{\text{e}}) \delta[\omega - (\omega_{\text{c}} + n\omega_{\text{e}})] \qquad (4.26)$$

平衡光电探测器对上路光信号和下路光信号同时进行平方律检波，将光信号转换为光电流。考虑到幅相接收机仅提取与微波源相同频率光电流的幅度和相位信息，仅需关心角频率为 ω_e 的光电流。因而，上路光信号和下路光信号转换得到的光电流中，角频率为 ω_e 的光电流电场分别为

$$i_{\text{upper}}\left(\omega_e\right) = \eta E_1 E_0^* H\left(\omega_c + \omega_e\right) H^*\left(\omega_c\right)$$

$$+ \eta \sum_{\substack{n=-\infty \\ n \neq -1, 0}}^{\infty} E_{n+1} E_n^* H\left[\omega_c + \left(n+1\right)\omega_e\right] H^*\left(\omega_c + n\omega_e\right) \tag{4.27}$$

$$i_{\text{lower}}\left(\omega_e\right) = \eta \sum_{\substack{n=-\infty \\ n \neq -1, 0}}^{\infty} E_{n+1} E_n^* H\left[\omega_c + \left(n+1\right)\omega_e\right] H^*\left(\omega_c + n\omega_e\right) \tag{4.28}$$

其中，η 为平衡光电探测器的响应系数。式 (4.27) 中等号右边第一部分为待测光器件与测量系统的联合响应，第二部分为非线性误差；式 (4.28) 为非线性误差。

两光电流在平衡光电探测器输出口相减，输出的光电流为

$$i\left(\omega_e\right) = i_{\text{upper}}\left(\omega_e\right) - i_{\text{lower}}\left(\omega_e\right)$$

$$= \eta E_1 E_0^* H\left(\omega_c + \omega_e\right) H^*\left(\omega_c\right) \tag{4.29}$$

同理，直通校准将两光测试端口直接相连，此时 $H_{\text{DUT}}(\omega)=1$，可测得测量系统的传输函数 $H_{\text{sys}}(\omega)$。其表达式为

$$i_{\text{sys}}\left(\omega_e\right) = \eta E_1 E_0^* H_{\text{sys}}\left(\omega_c + \omega_e\right) H_{\text{sys}}^*\left(\omega_c\right) \tag{4.30}$$

根据式 (4.29) 和式 (4.30)，可得待测光器件的准确传输函数。其表达式可写为

$$H_{\text{DUT}}\left(\omega_c + \omega_e\right) = \frac{i\left(\omega_e\right)}{i_{\text{sys}}\left(\omega_e\right) H_{\text{DUT}}^*\left(\omega_c\right)} \tag{4.31}$$

其中，$H_{\text{DUT}}^*(\omega_c)$ 是待测光器件在光载波处的响应，是一个常数。

4.3.2　实时误差消除技术的实验验证

图 4.18 为采用实时误差消除技术的光矢量分析系统实验框图。光源为四通道可调谐激光器 (N7714A)，其输出的光载波在光单边带信号产生单元中受到微波矢量网络分析仪 (N5245A) 输出的微波信号调制，输出光单边带信号。其中，光单边带信号产生单元由偏振调制器、偏振控制器、检偏器和光滤波器 (Finisar WaveShaper 4000S) 组成。经待测光纤布拉格光栅 (TeraXion Inc.) 后，该光单边

带信号被光分束器分成两部分。上路级联可调光延时线和可调光衰减器分别调节光路的长度和损耗；下路级联可调光滤波器 (Yenista XTM-50) 滤除光信号中的光载波。平衡光电探测器 (U^{2}T BPDV2150R) 对两路光信号同时进行光电探测，并将转换得到的光电流相减，而后输至矢量网络分析仪。为使偏振调制器工作于合适的调制系数，矢量网络分析仪输出端口级联了微波宽带放大器 (SHF 806E) 放大微波信号。实验中，光谱由光谱分析仪 (Yokogawa AQ6370C) 以 0.02 nm 的分辨率测得。

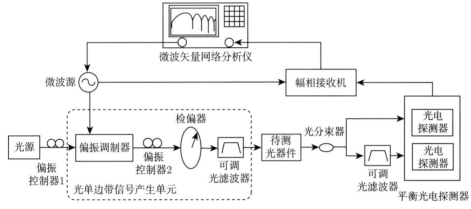

图 4.18　采用实时误差消除技术的光矢量分析系统实验框图

图 4.19 是调制系数为 2.81 时，上路光单边带信号与下路载波抑制单边带信号的光谱图。从图中可以看出，下路光单边带信号的载波被抑制了 34.2 dB，其他边带 (即 +1 阶、+2 阶和 +3 阶边带) 功率不变。由于载波被抑制，下路光功率比上路低 3.44 dB。

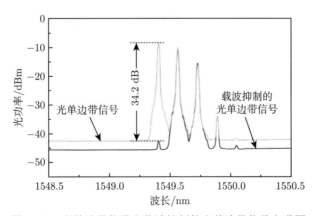

图 4.19　光单边带信号和载波抑制的光单边带信号光谱图

图 4.20 是调制系数为 2.81 时，传统光矢量分析技术和引入实时误差消除技术后测得的待测光纤布拉格光栅幅度响应和相位响应。从图中可以看出，传统单边带扫频光矢量分析技术测得的幅度和相位响应包含十分明显的非线性误差。引入实时误差消除技术后，测量结果中的非线性误差被有效消除，光矢量分析的准确度得到了显著提升。

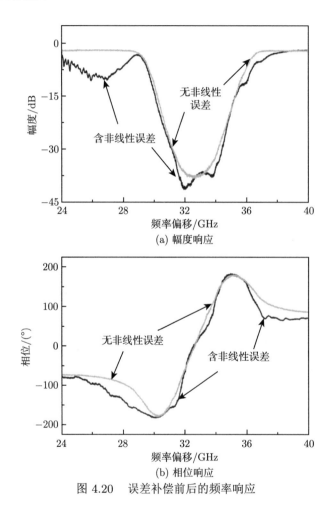

(a) 幅度响应

(b) 相位响应

图 4.20   误差补偿前后的频率响应

图 4.21 测量了不同调制系数的情况下相同光纤布拉格光栅的幅度响应和相位响应，并与商用光矢量分析仪 (LUNA OVA5000) 测量结果进行了对比。从图中可以看出，电光调制器工作于不同调制系数时，采用非线性误差实时消除技术测得的幅度响应和相位响应是完全一致的，且与商用光矢量分析仪的测量结果 (图 4.21 中带菱形的黑色实线) 吻合，且具有更高的测量分辨率。

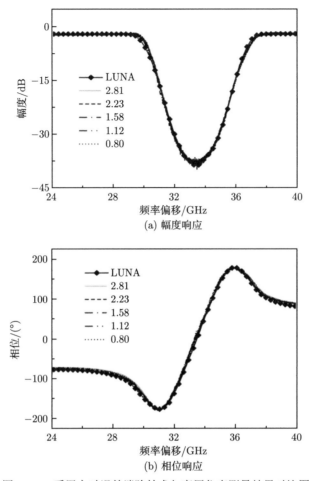

图 4.21 采用实时误差消除技术与商用仪表测量结果对比图

理论上，若两光路具有相同的长度和损耗，该误差消除技术可完全抑制非线性误差。然而，在实际测量中，需考虑温度对两光路中光纤长度的影响以及平衡光电探测器响应的不平衡度。实验中，上下两光路长度均小于 3 m；测量时，两光路平行放置，其温度差小于 1℃；平衡光电探测器的微波共模抑制比 (common-mode rejection ratio, CMRR) 可达 34 dB；微波信号的最高频率为 40 GHz。图 4.22 为输入相同光信号时，平衡光电探测器的微波输出端口输出光电流的幅度响应曲线。从图中可以看出，在 24 ~ 40 GHz，平衡光电探测器的共模抑制比约为 30 dB。这表明该误差消除技术可有效消除非线性误差，残留的非线性误差小于 0.1%。若采用平衡度更好的平衡光电探测器，残留的非线性误差将会更小，测量结果将更准确。

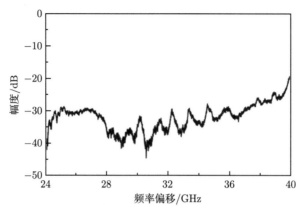

图 4.22　两相同光信号输入平衡光电探测器时的幅度响应曲线

4.4　基于希尔伯特变换和平衡探测的误差消除技术

要实现大动态范围和高精度测量,必须提高光单边带信号的边带抑制比,同时消除非线性误差。为同时消除镜像边带和非线性对光矢量分析准确度的影响,本节提出了基于希尔伯特变换和平衡探测的误差消除技术,该技术可等效提高光单边带信号的边带抑制比、抑制非线性误差。

4.4.1　希尔伯特变换消除测量误差的基本原理

图 4.23 是基于希尔伯特变换和平衡探测误差消除技术的光矢量分析系统的原理框图。其工作原理如下:光单边带调制器将微波源输出的微波信号调制到光源输出的光载波上,生成光单边带信号;光分束器将经待测光器件传输后的光信号等分为两路,一路直接输至平衡光电探测器,另一路经希尔伯特变换后送至平衡光电探测器;平衡光电探测器对输入的两路光信号进行平衡探测,对消镜像边带和高阶边带对应的光电流分量,输出所需的光电流;幅相接收机以微波源的输出信号为参考,提取光电流的幅度和相位信息;控制及数据处理单元控制微波源进行频率扫描,并接收幅相接收机提取的幅度和相位信息,进而获得待测光器件的幅度和相位响应。需要说明的是,光分束器至平衡光电探测器的两光路需要具有相同的长度和插损,保证两光信号同时进行光电转换。

该误差消除技术可抑制任意光单边带信号中镜像边带误差和非线性误差,提升光矢量分析系统的动态范围和准确度。假设光单边带调制器输出光单边带信号为

$$E_{\mathrm{SSB}}(\omega) = E_{-1} \cdot \delta\left[\omega - (\omega_{\mathrm{c}} - \omega_{\mathrm{e}})\right] + E_0 \cdot \delta\left(\omega - \omega_{\mathrm{c}}\right) + E_{+1} \cdot \delta\left[\omega - (\omega_{\mathrm{c}} + \omega_{\mathrm{e}})\right]$$

$$+ \sum_{n=-\infty}^{-2} E_n \cdot \delta \left[\omega - (\omega_{\mathrm{c}} + n\omega_{\mathrm{e}}) \right] + \sum_{n=2}^{+\infty} E_n \cdot \delta \left[\omega - (\omega_{\mathrm{c}} + n\omega_{\mathrm{e}}) \right] \quad (4.32)$$

其中，E_{-1}、E_0 和 E_{+1} 分别为两光路中光信号镜像边带、光载波和扫频边带的复幅度，E_n 为第 n 阶边带的复幅度。

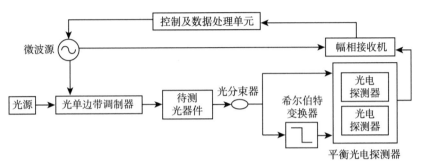

图 4.23　基于希尔伯特变换和平衡探测误差消除技术的光矢量分析系统原理框图

经待测光器件传输后，由光分束器等分为两路，上路直接输至平衡光电探测器，下路经希尔伯特变换后输至光电探测器。实际测量中，光希尔伯特变换器无法实现理想的相位翻转，且其相位翻转处对应的幅度响应是阻带形式，会对需翻转边带有衰减。假设光希尔伯特变换器对需翻转边带的衰减为 α，相位翻转误差为 β。因此，输入平衡光电探测器的两路光信号可表示为

$$E_{\mathrm{upper}}(\omega) = \frac{E_{-1}}{2} \cdot \delta \left[\omega - (\omega_{\mathrm{c}} - \omega_{\mathrm{e}}) \right] + \frac{E_0}{2} \cdot \delta \left(\omega - \omega_{\mathrm{c}} \right) + \frac{E_{+1}}{2} \cdot \delta \left[\omega - (\omega_{\mathrm{c}} + \omega_{\mathrm{e}}) \right]$$

$$+ \sum_{n=-\infty}^{-2} \frac{E_n}{2} \cdot \delta \left[\omega - (\omega_{\mathrm{c}} + n\omega_{\mathrm{e}}) \right] + \sum_{n=2}^{+\infty} \frac{E_n}{2} \cdot \delta \left[\omega - (\omega_{\mathrm{c}} + n\omega_{\mathrm{e}}) \right]$$

$$(4.33)$$

$$E_{\mathrm{lower}}(\omega) = \frac{E_{-1}}{2} \cdot \delta \left[\omega - (\omega_{\mathrm{c}} - \omega_{\mathrm{e}}) \right] + \frac{E_0}{2} \cdot \delta \left(\omega - \omega_{\mathrm{c}} \right)$$

$$- \alpha \exp\left(\mathrm{i}\beta\right) \frac{E_{+1}}{2} \cdot \delta \left[\omega - (\omega_{\mathrm{c}} + \omega_{\mathrm{e}}) \right]$$

$$+ \sum_{n=-\infty}^{-2} \frac{E_n}{2} \cdot \delta \left[\omega - (\omega_{\mathrm{c}} + n\omega_{\mathrm{e}}) \right] - \sum_{n=2}^{+\infty} \frac{E_n}{2} \cdot \delta \left[\omega - (\omega_{\mathrm{c}} + n\omega_{\mathrm{e}}) \right]$$

$$(4.34)$$

平衡光电探测器同时对两路光信号进行平方律检波，将光信号转换为光电流，

其电场可表示为

$$i_{\text{upper}}(\omega_e) = \frac{\eta}{4} E_0 E_{-1}^* H(\omega_c) H^*(\omega_c - \omega_e) + \frac{\eta}{4} E_{+1} E_0^* H(\omega_c + \omega_e) H^*(\omega_c)$$

$$+ \frac{\eta}{4} \sum_{\substack{n=-\infty \\ n \neq -1,0}}^{\infty} E_{n+1} E_n^* H[\omega_c + (n+1)\omega_e] H^*(\omega_c + n\omega_e) \qquad (4.35)$$

$$i_{\text{lower}}(\omega_e) = \frac{\eta}{4} E_0 E_{-1}^* H(\omega_c) H^*(\omega_c - \omega_e) - \frac{\eta}{4} \alpha \exp(i\beta) E_{+1} E_0^* H(\omega_c + \omega_e) H^*(\omega_c)$$

$$+ \frac{\eta}{4} \sum_{\substack{n=-\infty \\ n \neq -1,0}}^{\infty} E_{n+1} E_n^* H[\omega_c + (n+1)\omega_e] H^*(\omega_c + n\omega_e) \qquad (4.36)$$

其中，η 为平衡光电探测器的响应系数。在式 (4.35) 和式 (4.36) 等号右边，第一部分为镜像边带引入的测量误差，是完全相等的；第二部分为携带待测光器件传输函数的光电流，由于光希尔伯特变换器的不理想性，其幅度有差异，相位不完全相反；第三部分为非线性误差，也是完全相等的。在平衡光电探测器输出端，两光电流相减，镜像边带误差和非线性误差均对消，仅输出携带待测光器件传输函数的光电流。该光电流可表示为

$$i(\omega_e) = i_{\text{upper}}(\omega_e) - i_{\text{lower}}(\omega_e)$$

$$= \frac{\eta}{4} [1 + \alpha \exp(i\beta)] E_{+1} E_0^* H(\omega_c + \omega_e) H^*(\omega_c) \qquad (4.37)$$

为消除系统传输函数的影响，需对测量系统进行直通校准，即移除待测光器件将两测试端口直接相连。此时，$H_{\text{DUT}}(\omega)=1$，可得到携带测量系统传输函数 $H_{\text{sys}}(\omega)$ 的光电流，其电场可表示为

$$i_{\text{sys}}(\omega_e) = \frac{\eta}{4} [1 + \alpha \exp(i\beta)] E_{+1} E_0^* H_{\text{sys}}(\omega_c + \omega_e) H_{\text{sys}}^*(\omega_c) \qquad (4.38)$$

根据式 (4.37) 和式 (4.38) 可得待测光器件的准确传输函数，其表达式为

$$H_{\text{DUT}}(\omega_c + \omega_e) = \frac{i(\omega_e)}{i_{\text{sys}}(\omega_e) H_{\text{DUT}}^*(\omega_c)} \qquad (4.39)$$

其中，$H_{\text{DUT}}^*(\omega_c)$ 是待测光器件在光载波处的响应，是一个常数。由式 (4.39) 可知，光希尔伯特变换器相位翻转处对 +1 阶边带的衰减和相位翻转的不理想性不会影响测量结果。

4.4.2 希尔伯特变换消除测量误差的实验验证

为验证基于希尔伯特变换和平衡探测的误差消除技术对镜像边带误差和非线性误差的抑制作用,搭建了如图 4.24 所示的实验系统,其中采用受激布里渊散射增益谱作为待测响应。由于光双边带幅度调制信号的边带抑制比为 0 dB 且两边带与光载波的拍频信号具有相同的相位,对光矢量分析测量结果准确度的影响非常大,因而验证实验采用工作于正交偏置点的单驱动马赫-曾德尔调制器代替光单边带调制器。

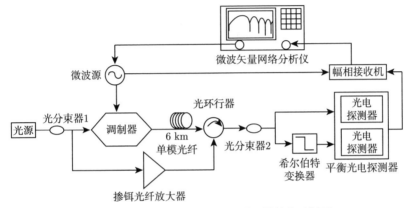

图 4.24 希尔伯特变换消除测量误差的实验框图

光源 (N7714A) 输出功率为 16 dBm 的光载波,光分束器 1 将其分为两路。一路经掺铒光纤放大器 (EDFA) 放大,经光环行器后输入 6 km 单模光纤,作为受激布里渊散射的泵浦信号,另一路直接输入马赫-曾德尔调制器用作光载波。调制器偏置点控制器 (modulator bias controller,MBC) 使马赫-曾德尔调制器工作于正交偏置点。马赫-曾德尔调制器将微波矢量网络分析仪 (R&S ZVA67) 输出的微波信号调制到光载波上,生成光双边带幅度调制信号。经 6 km 单模光纤和光环行器传输后,光信号由光分束器 2 分成两路。上路级联可调光延时线和可调光衰减器平衡两光路的长度和插损,下路级联希尔伯特变换器 (Finisar WaveShaper 4000S) 翻转扫频边带的相位。两路光信号分别输至 50 GHz 平衡光电探测器 (Finisar BPDV2150R) 的两个光输入口。平衡光电探测器对两光信号进行平衡探测,输出光电流。微波矢量网络分析仪接收光电流,并提取其幅度和相位信息。实验中,光谱均由光谱仪 (Yokogawa AQ6370C) 以 0.02 nm 的分辨率测得。

图 4.25 是希尔伯特变换器的幅度响应和希尔伯特变换前后光信号的光谱图。从图中可以看出,希尔伯特变换器相位变化区域对应的幅度响应为阻带响应,使得光双边带信号的 +1 阶边带受到轻微衰减。随微波频率增大,该影响会变小。根据解析分析可知,+1 阶边带功率变化和相位翻转的不理想对测量结果没有影响。

此外，光信号载波也受到希尔伯特变换器的轻微衰减，但这也不会影响对非线性误差的抑制程度。

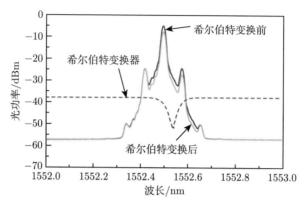

图 4.25　希特伯特变换器的幅度响应和希尔伯特变换前后光信号的光谱图

图 4.26 是光双边带信号在不同泵浦功率下测得的受激布里渊散射增益谱幅度和相位响应。双边带信号的两个一阶边带具有相同的功率且其与光载波的拍频信号具有相同的相位，这使测得的幅度和相位响应是受激布里渊散射增益谱与衰减谱的叠加。由于受激布里渊散射衰减谱的带宽大于增益谱的带宽，−1 阶边带受到受激布里渊散射衰减谱衰减时，+1 阶边带还未受到增益谱放大，此时测量结果是衰减谱；随着微波频率增大，+1 阶边带受增益谱放大，−1 阶边带继续受衰减谱抑制，两者功率比值越来越大，直至 −1 阶边带对测量结果的影响可忽略，此时测量结果是增益谱；微波频率进一步增大，+1 阶边带不受增益谱放大，−1 阶边带仍受衰减谱衰减，此时测量结果是衰减谱。因而，最终测得的幅度响应中增益峰两侧存在衰减谱引入的带陷，如图 4.26(a) 所示。受激布里渊散射增益谱的增益、衰减谱的阻带深度均随泵浦功率的增大而增大，因而，泵浦功率越大，测得的幅度响应中增益峰增益越大，阻带深度越深；测得的相位响应中相移越大，相位变化越剧烈。

将基于希尔伯特变换和平衡探测的误差消除技术应用于光矢量分析系统，携带受激布里渊散射衰减谱信息的镜像边带 (即 −1 阶边带) 和光载波的拍频信号以及相邻高阶边带的拍频信号在平衡光电探测器输出口相消，因而光矢量分析结果中不存在镜像边带误差和非线性误差，增益峰两侧亦不存在由衰减谱引入的阻带响应。最终测量结果是标准的洛伦兹曲线，如图 4.27(a) 所示。相位响应与幅度响应相对应，如图 4.27(b) 所示。此外，泵浦信号功率增加使增益谱增益增大，相移量变大。对比图 4.26 和图 4.27 可知，基于希尔伯特变换和平衡探测的误差消除技术可有效抑制镜像边带误差和非线性误差，提高光矢量分析的准确度。

上述实验利用双边带信号充分证明了基于希尔伯特变换和平衡探测误差消除技术的有效性，为进一步研究该误差消除技术对光矢量分析性能的影响，构建了如图 4.23 所示的光矢量分析系统。其中，光单边带调制单元由 90° 微波电桥 (KRYTAR, Inc.) 和双驱动马赫-曾德尔调制器组成；待测光器件为均匀光纤布拉格光栅 (TeraXion Inc.)。

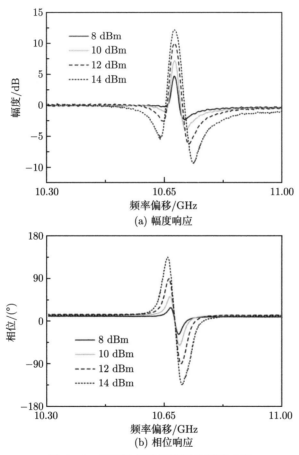

(a) 幅度响应

(b) 相位响应

图 4.26　光双边带信号测得的频率响应

图 4.28 是不同微波频率时光单边带调制单元输出光单边带信号的光谱图。从图中可以看出，随着微波信号频率的增大，光单边带调制单元的调制效率降低，所产生的光单边带信号中一阶边带的功率不断减小。受限于 90° 微波电桥的工作频率范围 (1.7~36 GHz)，当微波频率小于 36 GHz 时，边带抑制比可保持在 20 dB 左右；当频率大于 36 GHz 时，边带抑制比急剧下降。边带抑制比随微波调制信号频率的变化曲线如图 4.28 插图所示。

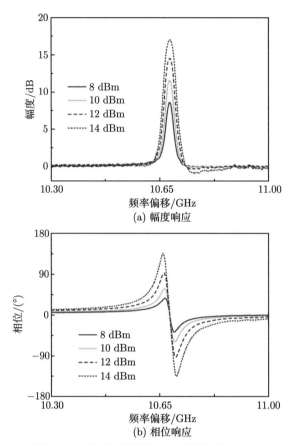

(a) 幅度响应

(b) 相位响应

图 4.27　采用误差消除技术测得的频率响应

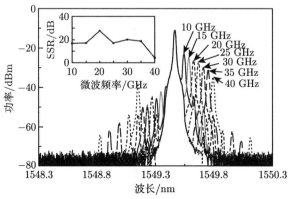

图 4.28　光单边带信号的光谱图

插图：边带抑制比随频率变化曲线

实验中，待测光纤布拉格光栅的阻带深度约为 37 dB，远大于光单边带扫频信号的边带抑制比。在测量该光栅阻带响应时，+1 阶扫频边带受到抑制，尤其测量阻带底部响应时，其功率将远小于镜像边带，此时光电探测器输出的光电流中镜像边带与光载波的拍频信号占据了较高的比例，而所需 +1 阶扫频边带与光载波拍频分量的功率远小于误差分量。此外，相邻高阶边带的拍频信号也会引入测量误差。因此，测得的光纤布拉格光栅幅度和相位响应不是真实的响应，如图 4.29 中黑色虚线所示。将基于希尔伯特变换和平衡探测的误差消除技术应用于光矢量分析系统，测得的幅度和相位响应如图 4.29 中黑色实线所示。对比误差抑制前的测量结果，实时误差消除技术十分有效地抑制了镜像边带误差和非线性误差，从而实现了高精度、大动态光矢量分析。

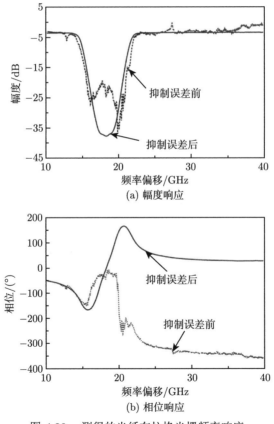

(a) 幅度响应

(b) 相位响应

图 4.29 测得的光纤布拉格光栅频率响应

为定量分析该实时误差消除技术对消镜像边带误差和非线性误差的程度，将光信号等分为两路，同时输入平衡光电探测器。测得的幅度响应如图 4.30 所示。

从图中可以看出，该实时误差消除技术可实现优于 40 dB 的镜像边带误差和非线性误差对消，使得测量结果中所含的误差十分小，可忽略。

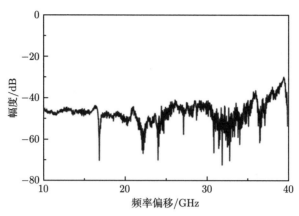

图 4.30　两相同光单边带信号输入平衡光电探测器时测得的幅度响应曲线

表 4.1 为数值仿真得到的幅度响应和相位响应所含误差的范围。从表 4.1 可以看出，采用基于希尔伯特变换和平衡光电探测的实时误差消除技术后，光矢量分析准确度得到了极大的提升。需要说明的是，当边带抑制比和阻带深度比值为 -17 dB 时，由于误差抑制前测得的相位响应已经严重失真，无法估计相移量的测量误差。

表 4.1　测量结果所含误差对比表

参数	误差抑制前	误差抑制后
SSR/dB	20	60
阻带深度误差范围/dB	$15.68 \sim 17.97$	$-0.64 \sim 0.59$
3dB 带宽误差范围/MHz	$-20 \sim 20$	$-0.71 \sim 0.71$
中心频率误差范围/MHz	$-57.11 \sim 57.13$	$-1.61 \sim 1.61$
相移量误差范围/(°)		$-1.43 \sim 1.46$

4.5　本 章 小 结

针对单边带扫频光矢量分析技术面临的测量误差较大和动态范围较小的关键问题，本章分别从电光调制和光电转换入手探索测量误差消除技术和动态范围提升技术。本章介绍了基于 120° 移相的高线性光单边带调制技术和基于载波抑制与平衡探测的误差消除技术，有效抑制了电光转换非线性引入的测量误差；介绍了基于希尔伯特变换和平衡探测的误差消除技术，同时抑制镜像边带误差和非线性误差，动态范围的提升大于 40 dB，非线性误差和共模噪声抑制优于 40 dB。

第 5 章　非对称双边带扫频光矢量分析

相比于单边带调制，双边带调制的结构简单、实现更为容易。若将双边带调制应用于光矢量分析，可同时利用 ±1 阶边带进行扫频，使测量效率与测量范围提高一倍。然而，由电光调制器直接产生的双边带调制信号同阶边带在频率上具有良好的对称性，如果直接应用于光矢量分析，两个边带与载波的拍频分量频率相同，使得光载波两侧的光谱响应发生混叠，难以区分。因而，要实现双边带扫频光矢量分析技术，关键是要解决频谱响应混叠的问题。

本章将介绍非对称双边带扫频光矢量分析技术。该方法通过对载波进行移频，从而打破双边带调制信号的对称性，使左右边带与载频拍频所产生信号的频率不同，从而解决频谱响应混叠的问题，实现高效、大范围的光谱响应测量[52,91-93]。

5.1　非对称双边带扫频光矢量分析的原理

非对称光双边带信号是调制边带 (如 ±1 阶边带) 的频率关于光载波不对称的光信号，其频谱示意图如图 5.1 所示，一般可以通过对光载波进行移频实现。−1 阶边带、+1 阶边带与移频载波拍频可产生角频率分别为 $|\omega_e - \Delta\omega|$ 和 $\omega_e + \Delta\omega$ 的光电流分量，其中 ω_e 和 $\Delta\omega$ 分别是微波驱动信号的角频率和载波移频量。由于两个光电流分量频率不同，−1 阶边带与 +1 阶边带探测到的响应可以从频率上进行区分。此外，高阶边带拍频产生的光电流角频率为 $n\omega_e(n \geqslant 1)$，与所需信号的角频率是不同的，在信号接收时可滤除，不影响所需信号的幅相提取。

图 5.2 是基于非对称光双边带扫频的光矢量分析原理框图。非对称光双边带调制器将微波扫频信号调制到光载波上，生成载波移频的非对称双边带扫频信号，其光场可表示为

$$E_{\mathrm{DSB}}(\omega) = E_{-1}\delta\left[\omega - (\omega_c - \omega_e)\right] + E_{+1}\delta\left[\omega - (\omega_c + \omega_e)\right] + E_0\delta\left[\omega - (\omega_c - \Delta\omega)\right]$$

$$(5.1)$$

其中，E_{+1} 和 E_{-1} 分别是 ±1 阶边带的复振幅，E_0 是移频后载波的复振幅。

非对称双边带光信号经待测光器件时，两个扫频边带和移频光载波随着待测光器件的传输函数发生相应的幅度和相位变化。经过待测光器件传输后的光信号可写为

$$E(\omega) = E_{\mathrm{DSB}}(\omega) \cdot H(\omega)$$

$$= E_{-1}H\left(\omega_{\mathrm{c}} - \omega_{\mathrm{e}}\right)\delta\left[\omega - \left(\omega_{\mathrm{c}} - \omega_{\mathrm{e}}\right)\right] + E_{+1}H\left(\omega_{\mathrm{c}} + \omega_{\mathrm{e}}\right)\delta\left[\omega - \left(\omega_{\mathrm{c}} + \omega_{\mathrm{e}}\right)\right]$$

$$+ E_0 H\left(\omega_{\mathrm{c}} - \Delta\omega\right)\delta\left[\omega - \left(\omega_{\mathrm{c}} - \Delta\omega\right)\right] \tag{5.2}$$

其中，传输函数 $H(\omega)$ 是测量系统与待测光器件的联合传输函数，即

$$H(\omega) = H_{\mathrm{DUT}}(\omega) \cdot H_{\mathrm{sys}}(\omega)$$

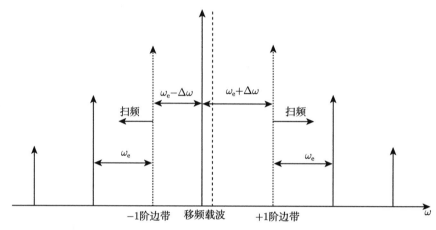

图 5.1　非对称双边带信号频谱示意图

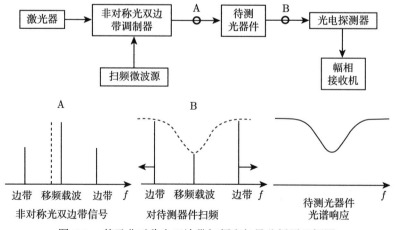

图 5.2　基于非对称光双边带扫频光矢量分析原理框图

光电探测器对光信号进行平方律检波，将两个扫频光边带所携带的光谱响应

信息转换至微波域,生成光电流,其电场表达式可写成

$$i\left(\omega_{\mathrm{e}}-\Delta\omega\right)=\eta E_{-1}^{*}E_{0}H^{*}\left(\omega_{\mathrm{c}}-\omega_{\mathrm{e}}\right)H\left(\omega_{\mathrm{c}}-\Delta\omega\right),当 \omega_{\mathrm{e}}>\Delta\omega 时$$
$$i\left(\Delta\omega-\omega_{\mathrm{e}}\right)=\eta E_{-1}E_{0}^{*}H\left(\omega_{\mathrm{c}}-\omega_{\mathrm{e}}\right)H^{*}\left(\omega_{\mathrm{c}}-\Delta\omega\right),当 \omega_{\mathrm{e}}<\Delta\omega 时 \quad (5.3)$$
$$i\left(\omega_{\mathrm{e}}+\Delta\omega\right)=\eta E_{+1}E_{0}^{*}H\left(\omega_{\mathrm{c}}+\omega_{\mathrm{e}}\right)H^{*}\left(\omega_{\mathrm{c}}-\Delta\omega\right)$$

其中,η 是光电探测器 1 的响应度。

为了移除测量系统的频谱响应,对测量系统进行直通校准,即移除待测光器件并将两测试端口直接连接。在校准状态,光电流中频率为 $\omega_{\mathrm{e}}+\Delta\omega$ 和 $|\omega_{\mathrm{e}}-\Delta\omega|$ 的分量,可表示为

$$i_{\mathrm{cal}}\left(\omega_{\mathrm{e}}-\Delta\omega\right)=\eta E_{-1}^{*}E_{0}H_{\mathrm{sys}}^{*}\left(\omega_{\mathrm{c}}-\omega_{\mathrm{e}}\right)H_{\mathrm{sys}}\left(\omega_{\mathrm{c}}-\Delta\omega\right),当 \omega_{\mathrm{e}}>\Delta\omega 时$$
$$i_{\mathrm{cal}}\left(\Delta\omega-\omega_{\mathrm{e}}\right)=\eta E_{-1}E_{0}^{*}H_{\mathrm{sys}}\left(\omega_{\mathrm{c}}-\omega_{\mathrm{e}}\right)H_{\mathrm{sys}}^{*}\left(\omega_{\mathrm{c}}-\Delta\omega\right),当 \omega_{\mathrm{e}}<\Delta\omega 时 \quad (5.4)$$
$$i_{\mathrm{cal}}\left(\omega_{\mathrm{e}}+\Delta\omega\right)=\eta E_{+1}E_{0}^{*}H_{\mathrm{sys}}\left(\omega_{\mathrm{c}}+\omega_{\mathrm{e}}\right)H_{\mathrm{sys}}^{*}\left(\omega_{\mathrm{c}}-\Delta\omega\right)$$

根据式 (5.3) 和式 (5.4),可得到待测光器件的传输函数

$$H_{\mathrm{DUT}}\left(\omega_{\mathrm{c}}-\omega_{\mathrm{e}}\right)=\frac{i^{*}\left(\omega_{\mathrm{e}}-\Delta\omega\right)}{i_{\mathrm{cal}}^{*}\left(\omega_{\mathrm{e}}-\Delta\omega\right)H_{\mathrm{DUT}}^{*}\left(\omega_{\mathrm{c}}-\Delta\omega\right)},\quad 当 \omega_{\mathrm{e}}>\Delta\omega 时$$

$$H_{\mathrm{DUT}}\left(\omega_{\mathrm{c}}-\omega_{\mathrm{e}}\right)=\frac{i\left(\Delta\omega-\omega_{\mathrm{e}}\right)}{i_{\mathrm{cal}}\left(\Delta\omega-\omega_{\mathrm{e}}\right)H_{\mathrm{DUT}}^{*}\left(\omega_{\mathrm{c}}-\Delta\omega\right)},\quad 当 \omega_{\mathrm{e}}<\Delta\omega 时 \quad (5.5)$$

$$H_{\mathrm{DUT}}\left(\omega_{\mathrm{c}}+\omega_{\mathrm{e}}\right)=\frac{i\left(\omega_{\mathrm{e}}+\Delta\omega\right)}{i_{\mathrm{cal}}\left(\omega_{\mathrm{e}}+\Delta\omega\right)H_{\mathrm{DUT}}^{*}\left(\omega_{\mathrm{c}}-\Delta\omega\right)}$$

其中,$H_{\mathrm{DUT}}^{*}(\omega_{\mathrm{c}}-\Delta\omega)$ 是移频载波处的频谱响应,由于 $\omega_{\mathrm{c}}-\Delta\omega$ 是固定频率,因而 $H_{\mathrm{DUT}}^{*}(\omega_{\mathrm{c}}-\Delta\omega)$ 是一个可测的复常数。

扫描微波信号的频率,即可获得待测光器件在光载波两侧的频谱响应,即 $H_{\mathrm{DUT}}(\omega_{\mathrm{c}}-\omega_{\mathrm{e}})$ 和 $H_{\mathrm{DUT}}(\omega_{\mathrm{c}}+\omega_{\mathrm{e}})$。需要说明的是,在非对称双边带扫频光矢量分析技术中,高阶边带拍频的光电流分量频率与有效分量不同,在光电流幅相提取前会被滤除,因而对测量结果没有影响。

5.2 非对称双边带扫频光矢量分析的误差模型

图 5.3 是实际电光调制得到的非对称双边带信号的频谱示意图。受限于电光调制器有限的消光比、电光调制非线性等不理想因素,非对称双边带信号中除了所需的 ±1 阶扫频边带和移频光载波,还存在不想要的干扰分量,分别是残留的原始光载波、移频载波的镜像分量和高阶边带等。残留的原始光载波是输入调制

器的光载波信号，由于电光调制器消光比有限 (一般为 20 dB)，无法将其完全抑制。但原始光载波与扫频边带所产生的光电流分量与有效分量的频率不同，因而不会影响光矢量分析的精度。移频载波的镜像边带是采用电光调制生成移频载波时产生的 (声光移频法中该镜像边带十分小，可忽略)，其与 ±1 阶边带拍频生成的光电流分量会在非对称光双边带扫频光矢量分析中引入测量误差，由于其频率是固定的，可通过滤波方法进行抑制；高阶边带是电光调制的非线性引入的，其与载波或其他分量拍频产生的光电流频率也不同于有效分量，因而不会影响光矢量分析的精度。

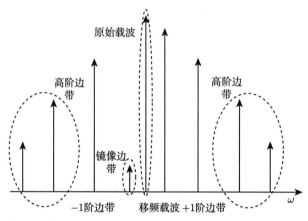

图 5.3　实际电光调制得到的非对称双边带信号频谱示意图

5.2.1　移频载波镜像边带引入的误差

移频载波的镜像边带与 ±1 阶扫频边带拍频产生的光电流频率与有效分量相同，因而会引入测量误差。考虑到其与残留原始光载波或高阶边带的拍频分量不会影响测量精度，为简化模型，在误差分析时仅考虑移频载波的镜像边带对测试性能的影响，则非对称光双边带信号可以表示为

$$E_{\mathrm{DSB}}(\omega) = E_{-1}\delta\left[\omega - (\omega_{\mathrm{c}} - \omega_{\mathrm{e}})\right] + E_{+1}\delta\left[\omega - (\omega_{\mathrm{c}} + \omega_{\mathrm{e}})\right]$$

$$+ E_{\mathrm{mir}}\delta\left[\omega - (\omega_{\mathrm{c}} - \Delta\omega)\right] + E_0\delta\left[\omega - (\omega_{\mathrm{c}} + \Delta\omega)\right] \tag{5.6}$$

其中，E_{mir} 是移频载波镜像边带的复振幅。

上述载波移频光双边带信号经过待测光器件时，±1 阶扫频边带、移频载波和移频载波的镜像边带根据待测光器件的传输函数发生幅度和相位变化。此时，光信号可写为

$$E(\omega) = E_{\mathrm{DSB}}(\omega) \cdot H(\omega)$$

$$= E_{-1} H \left(\omega_c - \omega_e \right) \delta \left[\omega - \left(\omega_c - \omega_e \right) \right]$$

$$+ E_{+1} H \left(\omega_c + \omega_e \right) \delta \left[\omega - \left(\omega_c + \omega_e \right) \right]$$

$$+ E_{\mathrm{mir}} H \left(\omega_c - \Delta \omega \right) \delta \left[\omega - \left(\omega_c - \Delta \omega \right) \right]$$

$$+ E_0 H \left(\omega_c + \Delta \omega \right) \delta \left[\omega - \left(\omega_c + \Delta \omega \right) \right] \tag{5.7}$$

光电探测器对上述光信号进行光电转换，生成携带联合传输函数 $H(\omega)$ 的光电流，其电场表达式可以写成

$$i \left(\omega_e - \Delta \omega \right) = \eta E_{+1} E_0^* H \left(\omega_c + \omega_e \right) H^* \left(\omega_c + \Delta \omega \right)$$
$$+ \eta E_{-1}^* E_{\mathrm{mir}} H^* \left(\omega_c - \omega_e \right) H \left(\omega_c - \Delta \omega \right), \text{当 } \omega_e > \Delta \omega \text{ 时}$$

$$i \left(\Delta \omega - \omega_e \right) = \eta E_{+1}^* E_0 H^* \left(\omega_c + \omega_e \right) H \left(\omega_c + \Delta \omega \right)$$
$$+ \eta E_{-1} E_{\mathrm{mir}}^* H \left(\omega_c - \omega_e \right) H^* \left(\omega_c - \Delta \omega \right), \text{当 } \omega_e < \Delta \omega \text{ 时} \tag{5.8}$$

$$i \left(\omega_e + \Delta \omega \right) = \eta E_{-1}^* E_0 H^* \left(\omega_c - \omega_e \right) H \left(\omega_c + \Delta \omega \right)$$
$$+ \eta E_{+1} E_{\mathrm{mir}}^* H \left(\omega_c + \omega_e \right) H^* \left(\omega_c - \Delta \omega \right)$$

其中，η 为光电探测器的响应度。在式 (5.8) 等号右侧的第一部分是携带联合传输函数的光电流分量，第二部分是移频载波镜像边带引入的测量误差。

为了移除测量系统传输函数对测量结果的影响，对测量系统进行直通校准。当 $|E_0| \gg |E_{\mathrm{mir}}|$ 时，移频载波镜像边带误差可以忽略。此时，光电流可表示成

$$i_{\mathrm{cal}} \left(\omega_e - \Delta \omega \right) = \eta E_{+1} E_0^* H_{\mathrm{sys}} \left(\omega_c + \omega_e \right) H_{\mathrm{sys}}^* \left(\omega_c + \Delta \omega \right), \text{当 } \omega_e > \Delta \omega \text{ 时}$$

$$i_{\mathrm{cal}} \left(\Delta \omega - \omega_e \right) = \eta E_{+1}^* E_0 H_{\mathrm{sys}} \left(\omega_c + \omega_e \right) H_{\mathrm{sys}}^* \left(\omega_c + \Delta \omega \right), \text{当 } \omega_e < \Delta \omega \text{ 时} \tag{5.9}$$

$$i_{\mathrm{cal}} \left(\omega_e + \Delta \omega \right) = \eta E_{-1}^* E_0 H_{\mathrm{sys}} \left(\omega_c - \omega_e \right) H_{\mathrm{sys}}^* \left(\omega_c + \Delta \omega \right)$$

根据式 (5.8) 和式 (5.9)，可获得待测光器件的传输函数

$$H_{\mathrm{DUT}}^{\mathrm{meas}} \left(\omega_o + \omega_e \right) = \frac{i \left(\omega_e - \Delta \omega \right)}{i_{\mathrm{cal}} \left(\omega_e - \Delta \omega \right) H_{\mathrm{DUT}}^* \left(\omega_c + \Delta \omega \right)}$$

$$= H_{\mathrm{DUT}} \left(\omega_c + \omega_e \right) + \Delta_1, \text{当 } \omega_e > \Delta \omega \text{ 时}$$

$$H_{\mathrm{DUT}}^{\mathrm{meas}} \left(\omega_o + \omega_e \right) = \frac{i \left(\Delta \omega - \omega_e \right)}{i_{\mathrm{cal}} \left(\Delta \omega - \omega_e \right) H_{\mathrm{DUT}}^* \left(\omega_c + \Delta \omega \right)} \tag{5.10}$$

$$= H_{\mathrm{DUT}} \left(\omega_c + \omega_e \right) + \Delta_1, \text{当 } \omega_e < \Delta \omega \text{ 时}$$

$$H_{\mathrm{DUT}}^{\mathrm{meas}} \left(\omega_o - \omega_e \right) = \frac{i \left(\omega_e + \Delta \omega \right)}{i_{\mathrm{cal}} \left(\omega_e + \Delta \omega \right) H_{\mathrm{DUT}}^* \left(\omega_c + \Delta \omega \right)}$$

$$= H_{\mathrm{DUT}} \left(\omega_c - \omega_e \right) + \Delta_2$$

其中，$H_{\text{DUT}}^*(\omega_{\text{c}} + \Delta\omega)$ 为移频光载波的响应，是一个可测量的常数。Δ_1 和 Δ_2 是镜像边带引入的测量误差，分别为

$$\Delta_1 = \frac{E_{-1}^* E_{\text{mir}} H^*(\omega_{\text{c}} - \omega_{\text{e}}) H(\omega_{\text{c}} - \Delta\omega)}{E_{+1} E_0^* H_{\text{sys}}(\omega_{\text{c}} + \omega_{\text{e}}) H_{\text{sys}}^*(\omega_{\text{c}} + \Delta\omega) H_{\text{DUT}}^*(\omega_{\text{c}} + \Delta\omega)} \tag{5.11a}$$

$$\Delta_2 = \frac{E_{+1}^* E_{\text{mir}} H^*(\omega_{\text{c}} + \omega_{\text{e}}) H(\omega_{\text{c}} - \Delta\omega)}{E_{-1} E_0^* H_{\text{sys}}(\omega_{\text{c}} - \omega_{\text{e}}) H_{\text{sys}}^*(\omega_{\text{c}} + \Delta\omega) H_{\text{DUT}}^*(\omega_{\text{c}} + \Delta\omega)} \tag{5.11b}$$

从式 (5.10) 可以看出，测得的频率响应包括待测光器件的实际响应和移频光载波的镜像分量引入的测量误差。式 (5.11) 是测量误差，从中可以看出测量误差不但与待测光器件传输函数相关还与测量系统传输函数相关。当单边带移频的边带抑制比 (移频载波与镜像边带的比值) 较大时，测量误差很小，可以忽略。但是当待测光器件的阻带深度接近或高于边带抑制比时，测量误差会比较显著。

为了进一步明确移频载波的镜像边带对测量结果的影响，进行了仿真分析。仿真中，待测光器件是光纤布拉格光栅，其幅度和相位响应如图 5.4 所示。

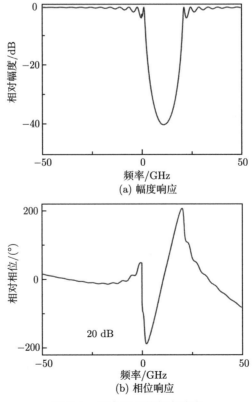

(a) 幅度响应

(b) 相位响应

图 5.4　仿真测得的频率响应

根据上述误差解析模型, 仿真测得了待测光纤布拉格光栅的幅度和相位响应, 如图 5.5 所示, 其中移频载波边带抑制比从 52 dB 以 4 dB 为步长递减到 20 dB。 随着边带抑制比的不断降低, 测得的幅度和相位响应所含误差越来越明显, 频响曲线的形变越来越大。

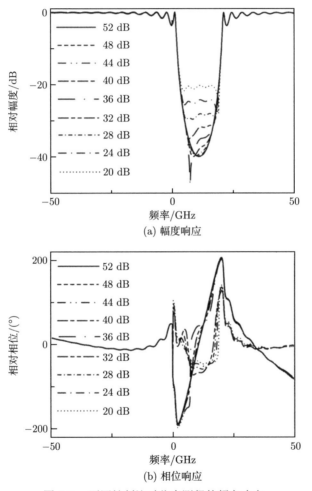

(a) 幅度响应

(b) 相位响应

图 5.5　不同抑制比时仿真测得的频率响应

为了衡量仿真测量结果的形变, 引入仿真测量结果与实际响应的相关系数。 形变越大, 相关系数越小, 误差越大。图 5.6 是采用 MATLAB 自带函数获得的相关系数随边带抑制比变化的曲线。从图中可以看出, 边带抑制比越小, 相关系数就越小, 测得结果形变越大。曲线中部的凹陷由待测器件的相位响应引起, 若相位响应为常数, 则此凹陷会消失。

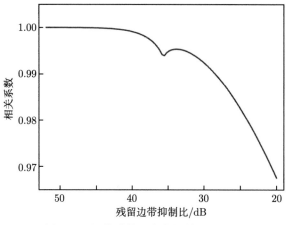

图 5.6　相关系数随边带抑制比的关系

5.2.2　残留原始载波引入的误差

实际测量中，原始载波对测量结果的影响主要是其与高阶边带拍频信号会在测量结果中产生若干可预测的畸变点。因而，研究原始载波对系统性能的影响时，需要同时考虑原始载波与高阶边带。光探测信号的表达式如下：

$$
\begin{aligned}
E(\omega) = {} & E_{-1}\delta\left[\omega - (\omega_c - \omega_e)\right] \\
& + E_{+1}\delta\left[\omega - (\omega_c + \omega_e)\right] + E_0\delta\left[\omega - (\omega_c + \Delta\omega)\right] \\
& + E_c\delta(\omega - \omega_c) + E_{\pm n}\delta\left[\omega - (\omega_c \pm n\omega_e)\right]
\end{aligned} \tag{5.12}
$$

其中，E_c 是原始载波的复振幅，$E_{\pm n}$ $(n>1)$ 是 $\pm n$ 阶扫频边带的复振幅。由于载波移频光双边带信号是由抑制载波双边带信号与移频载波耦合获得的，因而原始载波的复振幅是上述两个信号残留载波的和。

参照上述理论模型，仿真分析研究了原始载波对测量结果的影响，结果如图 5.7 所示。仿真中，使抑制载波双边带调制链路中电光调制器的偏置电压从 $V_\pi/2$ 向 V_π (即从线性点向最小点) 等间隔变化，原始载波对应地从不受抑制向最大抑制变化。从图中可以看出，残留的原始载波仅对特定频率处的频率响应测量有影响，这使得该处幅度响应和相位响应发生突变，且畸变量随着残留原始载波的抑制而减小。

原始载波与高阶边带拍频信号在测量结果中引起畸变的条件如下：

$$
\omega_e \pm \Delta\omega = n\omega_e \tag{5.13}
$$

光电转换后，光扫频边带携带的频谱响应信息被转移到频率为 $\omega_e \pm \Delta\omega$ 的光电流分量上。当微波扫频信号的频率 ω_e 满足式 (5.13) 所示的关系时，该频率处测得的响应是实际响应与残留原始载波引入的畸变分量的叠加，从而出现畸变点。仿真结果表明，当 $\omega_e = \pm\Delta\omega$ 与 $\omega_e = \pm 2\Delta\omega$ 时，会出现畸变。由于出现畸变的频点是可预测的，可采用取畸变点两侧数据的平均值等处理方式消除其影响。

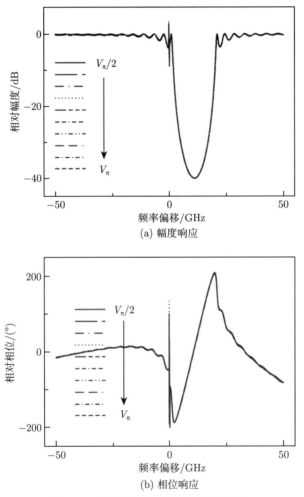

(a) 幅度响应

(b) 相位响应

图 5.7　不同偏置点下仿真的测量结果

产生非对称光双边带扫频信号时，电光调制非线性会激励出高阶边带，其与移频载波及其镜像边带的拍频信号也会引入特定频点处的响应畸变。出现响应畸变的频率需满足以下条件

$$\omega_e \pm \Delta\omega = n\omega_e + \Delta\omega$$
$$\omega_e \pm \Delta\omega = n\omega_e - \Delta\omega \tag{5.14}$$

式 (5.14) 中，第一个等式是高阶边带与移频光载波拍频分量引入畸变的条件；第二个等式是高阶边带与镜像边带拍频分量引入畸变的条件。与残留原始载波引入畸变的机理相似，出现畸变的频点也是可预测的，采用数据处理的方式可消除其影响。

同样地，为了衡量仿真测量结果的形变，引入与 5.2.1 节相同的相关系数。图 5.8 是采用 MATLAB 自带函数获得的相关系数随调制系数变化的曲线。图中实线为非对称双边带扫频光矢量分析方法相关系数随调制系数的变化曲线，虚线为单边带扫频光矢量分析方法的情况。从图中可以看出，单边带调制光矢量分析方法的相关系数随调制系数的增加出现了明显的降低，这表明非线性误差随着调制系数的增大显著增长；非对称双边带扫频光矢量分析方法的相关系数随调制系数增大而缓慢减小，变化幅度十分小，可以忽略不计。这表明后者测量结果受到非线性误差的影响较小，仅在特定的频点处出现畸变。

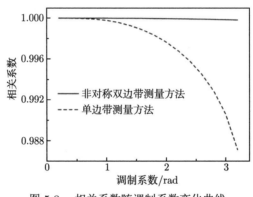

图 5.8　相关系数随调制系数变化曲线

5.3　非对称双边带扫频光矢量分析的实现方法

生成非对称双边带信号的关键是对载波进行移频。移频载波可以采用声光移频、载波抑制单边带调制等方法实现。本节将介绍非对称双边带信号产生方法 (包括声光移频法、受激布里渊散射法和双驱动调制器法) 及相应的光矢量分析系统。

5.3.1　基于声光移频

基于声光移频的非对称双边带扫频光矢量分析系统如图 5.9 所示。声光调制器对光信号进行移频，移频量为 $-\Delta\omega$。虽然该方法输出的移频载波存在镜像边带，但镜像边带抑制比极高，通常可达 50 dB 以上，因而镜像边带引入的测量误差可忽略。

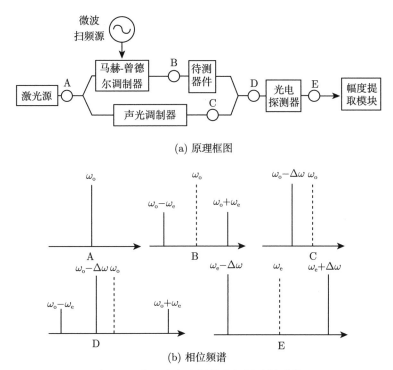

(a) 原理框图

(b) 相位频谱

图 5.9 基于声光移频的光矢量分析系统

激光源输出的单频光载波信号被分成两部分。一部分输至上部光支路，在马赫-曾德尔调制器中受到微波扫频信号的调制，生成载波抑制光双边带信号。该信号直接输入待测器件，泵浦出光载波两侧的幅度响应。另一部分输至下部光支路，由声光调制器进行移频，得到移频载波信号。光耦合器将待测光器件输出的光信号与移频载波耦合，形成载波移频的光双边带信号。光电探测器将该信号转换为光电流并由幅度提取模块提取出两个不同频率分量的幅度信息。扫描微波信号的频率，即可获得待测光器件在光载波两侧的幅度响应。

马赫-曾德尔调制器输出的载波抑制光双边带信号可以写为

$$E_{\mathrm{DSB}}\left(t\right) = \sum_{n=-\infty}^{+\infty} E_{\mathrm{c}} \mathrm{J}_{n}\left(\beta\right) \mathrm{i}^{n}\left[1 + \left(-1\right)^{n+1}\right] \exp\left[\mathrm{i}\left(\omega_{\mathrm{c}} + n\omega_{\mathrm{e}}\right)t\right] \tag{5.15}$$

其中，$\beta = \pi V / V_{\pi}$ 是调制系数，V 是微波信号的幅度，V_{π} 是调制器的半波电压，$\mathrm{J}_{n}(\beta)$ 是第一类 n 阶贝塞尔函数的系数。

待测光器件中，边带的幅度和相位受传输函数 $H(\omega)$ 的作用发生变化。携带

待测光器件响应信息的光信号可以写为

$$E_{DSB}^{out}(t) = \sum_{n=-\infty}^{+\infty} E_c i^n \left[1 + (-1)^{n+1}\right] J_n(\beta) H(\omega_c + n\omega_e) \exp\left[i(\omega_c + n\omega_e)t\right]$$

$$(5.16)$$

该信号与下部光支路中的移频载波耦合，得到载波移频的光双边带信号，其表达式为

$$E_{mix}(t) = \sum_{n=-\infty}^{+\infty} E_c i^n \left[1 + (-1)^{n+1}\right] J_n(\beta) H(\omega_c + n\omega_e)$$

$$\cdot \exp\left[i(\omega_c + n\omega_e)t\right]$$

$$+ E_0 \exp\left[i(\omega_c - \Delta\omega)t + i\phi\right]$$

$$= 2i E_c J_{+1}(\beta) H(\omega_c + \omega_e) \exp\left[i(\omega_c + \omega_e)t\right]$$

$$- 2i E_c J_{-1}(\beta) H(\omega_c - \omega_e) \exp\left[i(\omega_c - \omega_e)t\right]$$

$$+ E_0 \exp\left[i(\omega_c - \Delta\omega)t + i\phi\right] + E_{other} \qquad (5.17)$$

其中，ϕ 是两支路的相位差，E_{other} 代表所有高阶边带。经过光电探测器的平方律检波后可得到光电流

$$i(t) = 2\eta E_c E_0 \{2i J_{+1}(\beta) H(\omega_c - \omega_e) \exp\left[-i(\omega_e - \Delta\omega)t - i\phi\right]$$

$$+ 2i J_1(\beta) H(\omega_c + \omega_e) \exp\left[i(\omega_e + \Delta\omega)t - i\phi\right]\} + i_{other} \qquad (5.18)$$

其中，η 是光电探测器的响应度，i_{other} 是其他频率分量。

电频谱仪只提取角频率分别为 $\omega_e + \Delta\omega$ 和 $\omega_e - \Delta\omega$ 两个频率分量的幅度信息，因此可以忽略掉其他频率分量，亦即

$$i_{-1} = 4\eta E_c E_0 i J_{+1}(\beta) H(\omega_c - \omega_e) \qquad (5.19a)$$

$$i_{+1} = 4\eta E_c E_0 i J_1(\beta) H(\omega_c + \omega_e) \qquad (5.19b)$$

从式 (5.19a) 和式 (5.19b) 可进一步得到

$$|H(\omega_c - \omega_e)| = \frac{|i_{-1}|}{4\eta E_c E_0 J_1(\beta)} \qquad (5.20a)$$

$$|H(\omega_c + \omega_e)| = \frac{|i_{+1}|}{4\eta E_c E_0 J_1(\beta)} \qquad (5.20b)$$

移除待测光器件，将两个测试端口直接相连，进行系统校准。重复上述步骤，即可得到测量系统的响应

$$|H_{\mathrm{sys}}(\omega_{\mathrm{c}}-\omega_{\mathrm{e}})| = \frac{|i_{\mathrm{sys},-1}|}{4\eta E_{\mathrm{c}} E_0 \mathrm{J}_1(\beta)} \tag{5.21a}$$

$$|H_{\mathrm{sys}}(\omega_{\mathrm{c}}+\omega_{\mathrm{e}})| = \frac{|i_{\mathrm{sys},+1}|}{4\eta E_{\mathrm{c}} E_0 \mathrm{J}_1(\beta)} \tag{5.21b}$$

由式 (5.20) 和式 (5.21) 可得待测光器件的频率响应

$$|H_{\mathrm{DUT}}(\omega_{\mathrm{c}}-\omega_{\mathrm{e}})| = \frac{|H(\omega_{\mathrm{c}}-\omega_{\mathrm{e}})|}{|H_{\mathrm{sys}}(\omega_{\mathrm{c}}-\omega_{\mathrm{e}})|} = \frac{|i_{-1}|}{|i_{\mathrm{sys},-1}|} \tag{5.22a}$$

$$|H_{\mathrm{DUT}}(\omega_{\mathrm{c}}+\omega_{\mathrm{e}})| = \frac{|H(\omega_{\mathrm{c}}+\omega_{\mathrm{e}})|}{|H_{\mathrm{sys}}(\omega_{\mathrm{c}}+\omega_{\mathrm{e}})|} = \frac{|i_{+1}|}{|i_{\mathrm{sys},+1}|} \tag{5.22b}$$

其中，$|H_{\mathrm{DUT}}(\omega_{\mathrm{c}}-\omega_{\mathrm{e}})|$ 和 $|H_{\mathrm{DUT}}(\omega_{\mathrm{c}}+\omega_{\mathrm{e}})|$ 分别是从 -1 阶和 $+1$ 阶边带中提取的幅度响应信息。

从式 (5.22) 可看出，当扫描微波信号的频率为 ω_{e} 时，提取 $\omega_{\mathrm{e}}-\Delta\omega$ 和 $\omega_{\mathrm{e}}+\Delta\omega$ 频率分量的幅度，即可获得待测光器件在光载波两侧的幅度响应。需要指出的是，高阶边带拍频产生的光电流分量不会在测量结果中引入误差。这是因为这些高阶边带产生的光电流频率为 $n\omega_{\mathrm{e}}(n=1,2,\cdots)$，与有效光电流分量的频率不同，不会混叠在一起。此外，移频光载波由于未经过待测光器件，不会受到阻带响应或大插损器件的影响，因而该系统可以测量带阻器件。

由于本方法光双边带扫频信号和移频光载波在不同的光学支路产生，两者的相位差极易受到环境扰动 (温度变化或机械振动) 的影响，因而难以测得待测光器件的相位响应。要想获取待测光器件的相位响应，需要对测量系统进行良好的隔振和控温，或者将待测光器件级联于耦合器输出口和光电探测器之间，辅以微波幅相同步接收 [2]。

根据图 5.9 所示的原理框图构建了测试系统。激光源 (N7714A) 输出的光载波被 50:50 光耦合器分成两部分。上支路的光载波在马赫-曾德尔调制器 (Fujitsu) 中受到微波扫频信号的调制，生成载波抑制的双边带信号。微波扫频信号由微波信号发生器 (E8267D) 产生，扫频范围为 5 MHz ∼ 20 GHz，扫频步长为 10 MHz。实验中的待测光器件为光纤布拉格光栅，中心波长为 1550.220 nm。下支路的光载波采用声光调制器进行移频，移频量为 55 MHz。上下路合并后的信号在光电探测器 (u²t xxx) 中进行光电转换。光电探测器的响应度为 0.65 A/W，带宽为 50 GHz。控制微波信号发生器进行频率扫描并采用电频谱分析仪 (9030A) 提取

光电流中有效频率分量的幅度信息，可实现自动化测量。作为对比，采用分辨率为 0.02 nm 的光谱仪 (YOKOGAWA AQ637C) 测量了待测光纤布拉格光栅的幅度响应。

图 5.10 是基于声光移频非对称光双边带矢量分析方法仿真和实验测量结果。作为对比，图中也给出了光谱法的结果。从图中可以看出，两种方法的测量结果十分吻合，具有较好的一致性。实验中，采用基于声光移频的光矢量分析方法测得的频率响应在偏离载波较远处与光谱法测量结果存在差异。这是因为较多的测量点数导致单次测量时间较长 (约 20 min)，在这段时间里，实验室的温度波动和机械振动会使得待测光纤布拉格光栅的响应发生漂移。实验中采用的分辨率为10

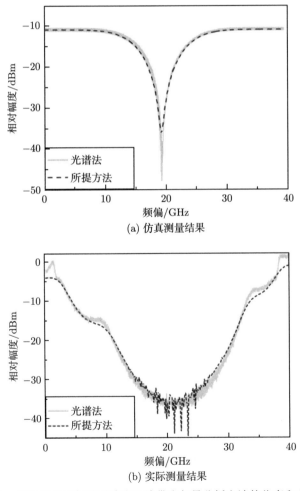

(a) 仿真测量结果

(b) 实际测量结果

图 5.10　基于声光移频非对称光双边带光矢量分析方法的仿真和实测结果

MHz，增加测量点数还可进一步提升测量分辨率，但受限于激光源线宽、微波频率调谐精细度、电频谱分析仪分辨率带宽 (RBW) 等，该实验系统的分辨率最高为 100 kHz。理论上，采用性能更优的器件可将频率分辨率提升至赫兹量级甚至亚赫兹量级。

5.3.2 基于受激布里渊散射

图 5.11 是基于受激布里渊散射的非对称光双边带矢量分析系统。激光源输出单频光载波信号，送入双平行马赫-曾德尔调制器。在该调制器中信号分为两路：上支路输入子调制器 1，受微波扫频信号调制，生成载波抑制的双边带扫频信号；下支路输入子调制器 2，受固定频率微波信号调制，生成载波抑制双边带信号。上下两支路输出的光信号在输出口合束后进入受激布里渊散射发生模块。受激布里渊散射的增益谱放大固定频率微波信号生成的 -1 阶边带，同时损耗谱抑制 $+1$ 阶

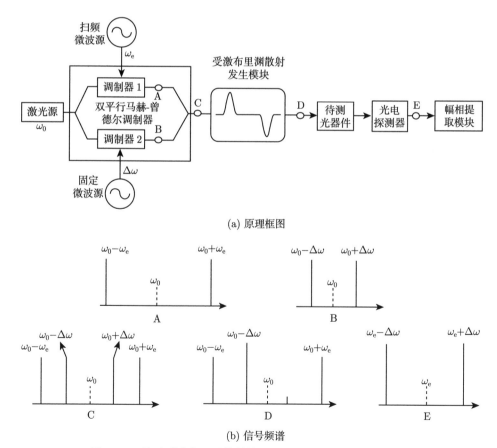

(a) 原理框图

(b) 信号频谱

图 5.11　基于受激布里渊散射的非对称光双边带矢量分析系统

边带，实现光载波的精确移频，获得载波移频双边带信号。测量所需光电流分量在接入待测光器件前后的幅度和相位变化，即可获得待测光器件的幅度响应和相位响应。

根据图 5.11 搭建了光矢量分析测量系统，对该方法进行实验验证。光载波由可调激光源 (N7714A) 产生，被光分束器分成两部分。一部分被掺铒光纤放大器 (Amonics Inc.) 放大后作为受激布里渊散射的泵浦信号，在 8 km 的单模光纤中激励出受激布里渊散射。另一部分输至双平行马赫-曾德尔调制器，受到微波矢量网络分析仪 (R&S ZVA67) 输出的微波扫频信号和本振信号的调制。双平行马赫-曾德尔调制器 (Fujitsu) 的 3 dB 带宽为 40 GHz，半波电压为 1.75 V。实验使用的单模光纤布里渊频移量是 10.845 GHz，因而本振信号的频率也设置为 10.845 GHz。生成的载波移频双边带信号分为两路：测量路中，经过光纤布拉格光栅 (即待测光器件) 的光信号被 50 GHz 的光电探测器 1 (Finisar XPD2150R) 转换为携带频谱响应的光电流；参考路中，光信号直接送入 50 GHz 的光电探测器 2，转换成光电流。微波矢量网络分析仪以参考路中的光电流作为参考信号，提取测量路中所需光电流分量的幅度和相位信息。

图 5.12 是仅加载本振信号得到的双边带信号及经受激布里渊散射处理后的光谱。从图中可以看出，−1 阶边带被受激布里渊散射的增益谱放大，而 +1 阶边带被损耗谱抑制。处理后，移频载波与其镜像边带的抑制比大于 45 dB，残留的移频载波镜像边带 (+1 阶边带) 十分小，其影响可忽略。

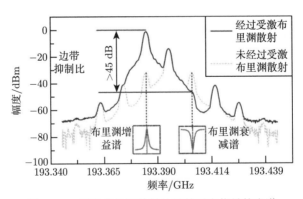

图 5.12　受激布里渊散射处理前后光信号的光谱

实验中，将待测光纤布拉格光栅的幅度响应和相位响应分为三段，分别由 $\omega_e - \Delta\omega$ ($\omega_e > \Delta\omega$)，$\Delta\omega - \omega_e$ ($\omega_e < \Delta\omega$) 和 $\omega_e + \Delta\omega$ 分量测量，其中 $\Delta\omega$ 为受激布里渊散射的频移量。提取出三段响应后进行频谱整合，最终获得 80 GHz 的频谱响应，如图 5.13 所示。图中三个测量频段由虚线分开，每一测量频段都包含了 60001 个

点，因此分辨率从左到右依次为 486 kHz、182 kHz 和 667 kHz。作为对比，采用
光谱法测得的幅度响应也绘制在图 5.13 (a) 中，如黑色虚线所示。由图可见，所
提光矢量分析方法测得的阻带深度达 30 dB，而光谱仪的结果仅为 20 dB。这表
明所提方法的动态范围显著大于光谱法。值得指出的是，所提方法的测量结果中
存在几个突变点。这是由于受激布里渊散射的增益谱是有一定带宽的 (一般为几
十兆赫兹)，扫频边带在扫频过程中会受到受激布里渊作用，从而引发测量结果的
畸变，在一阶布里渊频移和二阶布里渊频移处尤为明显 (在频偏为 −10.845 GHz
的 −1 阶布里渊频移处，畸变点被分隔的虚线所遮掩)。这些突变点可以通过数据
处理的方法去掉。

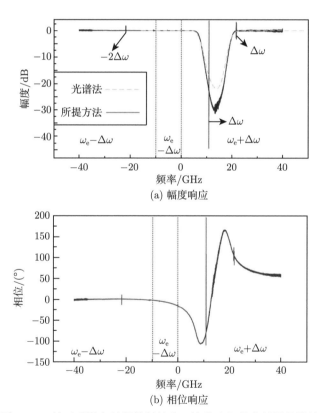

图 5.13　基于受激布里渊散射的光双边带光矢量分析测量结果

采用受激布里渊散射和双平行马赫-曾德尔调制器获得的非对称双边带信号
其移频载波和扫频边带是相干的，因而可以精确地测得待测光器件的相位响应，
如图 5.13 (b) 所示。此外，受益于受激布里渊散射的增益谱和损耗谱，移频载波
与其镜像边带的比值较大，大大降低了后者引入的测量误差。

5.3.3　基于移相对消

采用双平行马赫-曾德尔调制器和 90° 微波电桥也可获得载波移频的非对称双边带信号，实现光矢量分析。图 5.14 是基于移相对消的非对称双边带扫频光矢量分析的原理框图和信号频谱。激光器输出单频光信号，用作光载波，送入双平行马赫-曾德尔调制器。在调制器中，光载波被 Y 型分支分为两部分。上、下支路光载波信号的幅度分别为 E_{upper} 和 E_{lower}。微波源输出的微波信号由 90° 电桥分成幅度相同、相位正交的两路，分别加载到双平行马赫-曾德尔调制器中子调制器 2 的两个射频输入口并加以适当的直流偏置，生成光单边带信号。其表达式为

$$
\begin{aligned}
E_{\text{SSB}}(t) &= E_{\text{lower}} \exp\left(\mathrm{i}\omega_c t\right) \exp\left[\mathrm{i}\beta\cos\left(\omega_e t + \frac{\pi}{2}\right)\right] \\
&\quad + E_{\text{lower}} \exp\left(\mathrm{i}\omega_c t\right) \exp\left[\mathrm{i}\beta\cos\left(\omega_e t\right) - \mathrm{i}\frac{\pi}{2}\right] \\
&= E_{\text{lower}} \sum_{n=-\infty}^{\infty} \left\{ \mathrm{i}^n \mathrm{J}_n(\beta) \exp \right. \\
&\quad \left. \cdot \left[\mathrm{i}\left(\omega_c + n\omega_e\right) t\right] \left[\exp\left(\mathrm{i}n\frac{\pi}{2}\right) + \exp\left(-\mathrm{i}\frac{\pi}{2}\right)\right] \right\}
\end{aligned}
\tag{5.23}
$$

其中，n 是边带的阶数，β 为调制系数。

对于 -1 阶边带，即 $n = -1$ 时，其复幅度为

$$
\begin{aligned}
E_{-1} &= \sum_{n=-\infty}^{+\infty} E_{\text{lower}} \mathrm{i}^n \mathrm{J}_n(\beta) \exp\left[\mathrm{i}\left(\omega_c + n\omega_e\right) t\right] \\
&\quad \cdot \left[\exp\left(\mathrm{i}n\frac{\pi}{2}\right) + \exp\left(-\mathrm{i}\frac{\pi}{2}\right)\right] \bigg|_{n=-1} \neq 0
\end{aligned}
\tag{5.24}
$$

对于 $+1$ 阶边带，即 $n = +1$ 时，其复幅度为

$$
\begin{aligned}
E_{+1} &= \sum_{n=-\infty}^{\infty} E_{\text{lower}} \mathrm{i}^n \mathrm{J}_n(\beta) \exp\left[\mathrm{i}\left(\omega_c + n\omega_e\right) t\right] \\
&\quad \cdot \left[\exp\left(\mathrm{i}n\frac{\pi}{2}\right) + \exp\left(-\mathrm{i}\frac{\pi}{2}\right)\right] \bigg|_{n=+1} = 0
\end{aligned}
\tag{5.25}
$$

由式 (5.24) 和式 (5.25) 可知 $+1$ 阶边带被对消抑制，而 -1 阶边带被保留了下来，从而实现了移频载波的产生。

上路子调制器工作在最小传输点，生成载波抑制的双边带扫频信号。该信号与上述移频载波耦合后，即可得到载波移频的光双边带扫频信号。

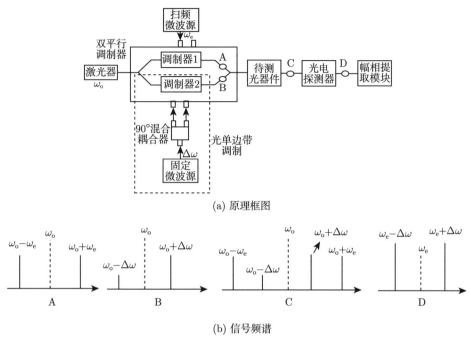

(a) 原理框图

(b) 信号频谱

图 5.14 基于移相对消的非对称双边带扫频光矢量分析原理框图和信号频谱

根据图 5.14 搭建了光矢量分析测试系统，对该方法进行实验验证。可调激光源 (N7714A) 输出光载波，经偏振控制器后送入偏分复用马赫-曾德尔调制器 (Fujitsu FTM7977HQA)。通过偏振控制器调整光载波的偏振态使偏分复用马赫-曾德尔调制器工作在特定状态，即可实现双平行马赫-曾德尔调制器的功能。微波矢量网络分析仪 (R&S ZVA67) 输出的微波扫频信号加载到子调制器 1 的微波输入端，对子调制器 1 加以适当的直流偏置，即可生成载波抑制的光双边带扫频信号。微波矢量网络分析仪另一端口输出本振微波信号，该信号经过 90° 微波电桥后加载到子调制器 2 的两个微波输入口，对子调制器 2 加以适当的直流偏置，即可实现单边带调制。在输出口将两个子调制器输出的光信号合并，得到载波移频的光双边带信号。该信号随后分成两路。测量路中，经待测光纤布拉格光栅传输的光信号由 40 GHz 光电探测器 1 (u^2t XPD2120R) 接收并转换为携带频谱响应的光电流；参考路中，光信号被 40 GHz 光电探测器 2 直接转换成光电流。将参考路径中的光电流作为参考信号，利用微波矢量网络分析仪提取接入待测光纤布拉格光栅前后光电流的幅度和相位变化，即可获取待测光纤布拉格光栅的频率响应。光信号的频谱由光谱分析仪 (BOSA 400) 以 0.1 pm 的分辨率测得。

图 5.15 是下路子调制器生成的光单边带信号光谱图。此时，仅在下路子调制器加载 7 GHz 微波信号，上路子调制器工作在最小传输点。从图中可以看出，移

频载波镜像边带被抑制了 35.6 dB，其在测量中引入的误差可忽略。类似 5.3.2 节，将待测器件的幅度响应和相位响应分为三段，分别由 $\omega_e - \Delta\omega$ $(\omega_e > \Delta\omega)$，$\Delta\omega - \omega_e$ $(\omega_e < \Delta\omega)$ 和 $\omega_e + \Delta\omega$ 分量测量，其中 $\Delta\omega$ 为载波移频量。提取出三段响应后进行频谱整合，最终获得 80 GHz 范围内的频谱响应，如图 5.16 所示。三个测量频段用虚线分隔开，每一段都有 60001 个测量频点，因此分辨率从左到右依次为 486 kHz、182 kHz 和 667 kHz。作为对比，采用光谱法测得幅度响应也在图 5.16 给出。由图可见，两种方法测得的幅度响应是一致的，验证了基于移相对消的非对称双边带扫频光矢量分析方法的正确性。需要注意的是，频谱响应测量中，噪声随着微波信号频率的增大而增大。这是因为电光调制器的调制效率随微波频率的增大而降低，两个扫频边带的信噪比随之下降。

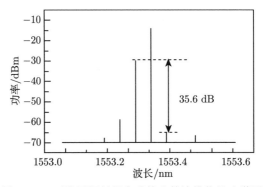

图 5.15　下路子调制器生成的光单边带信号光谱图

　　图 5.17 是不同边带抑制比下测得的幅度响应和相位响应。从图中可以看出，当边带抑制比减小时，移频载波镜像分量引入的误差增大，测得的幅度响应和相位响应的失真严重。这与理论分析结果一致。因此，要实现高精度测量，必须大幅抑制移频载波的镜像分量，亦即提高光单边带信号的边带抑制比。

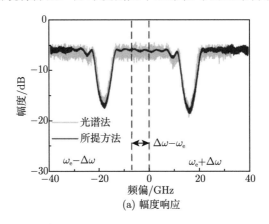

(a) 幅度响应

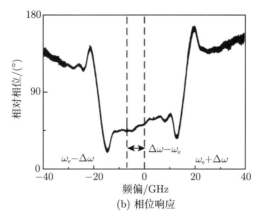

图 5.16 基于移相对消的非对称双边带扫频光矢量分析测量结果

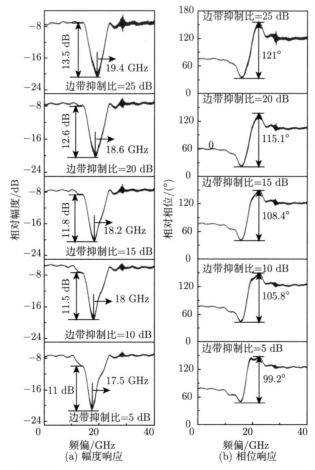

(a) 幅度响应

(b) 相位响应

图 5.17 不同边带抑制比下测得的幅度响应和相位响应

　　所提方法中移频载波和扫频边带是相干的，因而可以精确地测得待测光器件的相位响应。此外，移频载波是通过电光调制直接产生的，在测量结果中不会产生畸变点。

5.4　非对称双边带扫频光矢量分析的性能提升

　　传统的光矢量分析方法难以兼顾实现高分辨率、大测量范围和大动态范围。基于干涉法的光矢量分析方法可以提供较大的测量范围和较大的动态范围，但分辨率较差。光信道估计法可以达到亚兆赫兹量级的分辨率，但是它的动态范围和测量范围都较小。基于光单边带调制的光矢量分析方法理论上可实现高分辨率，但其测量范围受限于测量系统的带宽，且高阶边带会恶化分辨率，引入严重的测量误差，并最终限制其动态范围。

　　针对上述问题，本节介绍一种高性能非对称双边带扫频光矢量分析方法，能够同时实现超高分辨率、大测量范围和超大动态范围。非对称光双边带扫频信号的使用不仅使测量范围加倍，避免了频谱混叠，还消除了调制非线性带来的测量误差，保障了高的测量分辨率；接收机输入信号的高边带抑制比有助于实现大动态范围；同时，由于发射机和接收机都具有波长无关性，结合光频梳技术可将测量范围拓展至 1 THz 以上而无须进行复杂的操控。

　　该方法的结构示意图如图 5.18 所示。超窄线宽激光器产生的光信号通过光频梳发生器，激发出光频梳信号；模式选择模块按顺序滤出其中一根光梳齿，生成非对称双边带探测信号；非对称光双边带探测信号经待测光器件传输后，携带上其频谱响应；接收机从非对称光双边带信号中提取出频谱响应；通过扫描非对称光双边带探测信号的频率，即可获得该光频梳对应波长通道的频谱响应；选择其他光梳齿重复上述操作，可得到光频梳覆盖范围内的频谱响应。实验中，实现了分辨率为 334 Hz、动态范围大于 90 dB、测量范围为 1.075 THz 的光器件频谱响应的测量。

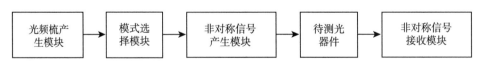

图 5.18　高性能非对称双边带扫频光矢量分析方法的结构示意图

　　图 5.19 是非对称光双边带扫频光矢量分析方法的实验装置图。该装置由超窄线宽激光器、光频梳发生器、模式选择模块、非对称信号产生模块和非对称信号接收模块组成。激光器的线宽小于 300 Hz，频率长期稳定性优于 ±15 MHz/天。光频梳发生器由相位调制器 (PM)、强度调制器 (MZM)、高功率光纤放大器和高

非线性光纤 (1550 nm) 组成, 产生具有固定频率间隔的 43 根光频梳。光频梳发生器后是两个可调光带通滤波器。滤波器 1 的作用是滤除 9 nm 测量带宽以外的带外噪声, 滤波器 2 则从光频梳中选择第 n 根 ($1 \leqslant n \leqslant 43$) 梳齿。随后, 光放大器放大所选取的光频梳梳齿, 用作对应测量通道的光载波。

在非对称双边带信号产生模块中, 选定的光频梳信号将被分成两个部分。一部分通过移频器 (声光调制器), 使信号产生 80 MHz 的频移, 得到移频载波。另一部分在电光调制器中受到微波扫频信号 (角频率为 ω_e) 的调制, 生成由两个一阶边带组成的载波抑制双边带信号。将移频载波和载波抑制双边带扫频信号合并, 生成载波移频的非对称双边带扫频信号。非对称探测信号被分成两个部分, 分别进入测量路与参考路, 最后被送入非对称信号接收模块。

非对称信号接收模块由两个光电探测器和信号处理模块组成。在测量路中, 待测光器件的传输响应会改变非对称双边带信号的幅度和相位。随后, 光电探测器 1 对非对称双边带信号进行平方律检波, 信号中的 ± 1 阶边带与移频载波拍频, 产生频率为 $|\omega_e - \Delta\omega|$ 和 $\omega_e + \Delta\omega$ 的两个射频分量 (表示为 S_{mea})。由于高阶边带拍频产生的信号频率为 $n\omega_e$ 或 $|n\omega_e \pm \Delta\omega|$, 因此, 除了频率满足 $|\omega_e \pm \Delta\omega| = n\omega_e$ 或 $|\omega_e \pm \Delta\omega| = |n\omega_e \pm \Delta\omega|$ 的几个点, 测量结果不受高阶边带影响。在参考路中, 非对称双边带信号直接输至光电探测器 2, 输出频率为 $|\omega_e - \Delta\omega|$ 和 $\omega_e + \Delta\omega$ 的两个参考信号 (表示为 S_{ref})。宽带可调的电滤波器 1 用于滤出频率为 $|\omega_e - \Delta\omega|$ 和 $\omega_e + \Delta\omega$ 的分量, 混频器 1 将这些频率分量转换到频率 ω_e 上, 电滤波器 2 用于抑制混频器 1 产生的干扰信号, 混频器 2 将频率为 ω_e 的信号转换到中频 (IF) 处。由于基带接收器易受到正交相位误差和 IQ 解调器功率不平衡的影响, 因此中频接收器的动态范围会比基带接收器大。为了对测量信号和参考信号进行采样, 使用了有效位数较大的 ADC。电滤波器 1 与微波源同步扫频, 微波源、LO1 和 LO2 互相锁相。测量结果可采用数字信号处理器 (DSP) 处理, 通过 $S_0 = S_{\mathrm{mea}}/S_{\mathrm{ref}}$ 消除测量路和参考路中的环境抖动与共模噪声。

为了进一步提高测量的准确性, 还应考虑系统响应以及测量路与参考路之间的差异。为此, 测量后可进行一次直通校准: 取下待测光器件并直接连接两个测试端口, 进行测量系统响应的测量, 得到信号 S'_{mea} 及 S'_{ref}, 校准参数为 $S_{\mathrm{cal}} = S'_{\mathrm{mea}}/S'_{\mathrm{ref}}$, 通过 $S = S_0/S_{\mathrm{cal}}$ 可获得待测光器件准确的频率响应。在实验中, ADC、DSP、电滤波器 2 和混频器 2 通过电矢量网络分析仪的接收机实现, 而电滤波器 1 和混频器 1 通过微波矢量网络分析仪的扩展功能选件 (Scalar Mixer and Harmonics, R&S ZVA-K4) 实现。

对此过程进行数学建模, 光频梳发生器产生的光频梳信号可以表示为

$$E_{\mathrm{OFC}} = \sum_{m=1}^{N} A_m \delta \left(\omega - \omega_1 - m\omega_{\mathrm{rep}} \right) \tag{5.26}$$

其中，ω_1 是第一根光频梳的角频率，ω_{rep} 是光频梳的频率间隔，A_m 是第 m 根光频梳的复振幅，N 为光频梳的根数。光滤波器选出的第 n 根光频梳可表示为

$$E'_{\mathrm{OFC}} = A_n \delta \left(\omega - \omega_1 - n\omega_{\mathrm{rep}} \right)$$
$$+ \sum_{\substack{m=1 \\ m \neq n}}^{N} \alpha_m A_m \delta \left(\omega - \omega_1 - m\omega_{\mathrm{rep}} \right), \quad 0 < \alpha_m < 1 \tag{5.27}$$

其中，α_m 是光滤波器对第 m 根光频梳的衰减量。

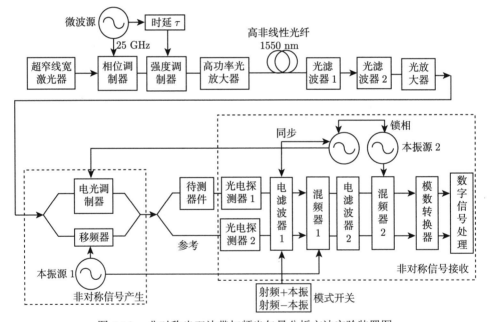

图 5.19　非对称光双边带扫频光矢量分析方法实验装置图

经过声光移频器后，信号的频率受到了 $\Delta\omega$ 的频移

$$E_{\mathrm{AOM}} \left(\omega \right) = bA_n \delta \left[\omega - \left(\omega_1 + n\omega_{\mathrm{rep}} + \Delta\omega \right) \right]$$
$$+ b \sum_{\substack{m=1 \\ m \neq n}}^{N} \alpha_m A_m \delta \left[\omega - \left(\omega_1 + m\omega_{\mathrm{rep}} + \Delta\omega \right) \right] \tag{5.28}$$

其中，b 是声光移频器的转换效率。

光信号的另一部分在电光调制器中被频率为 ω_e 的微波扫频信号调制，生成载波抑制的光双边带信号，该信号包含两个一阶边带 (扫频信号) 和干扰信号，如残留载波、高阶边带以及其他光频梳 (其他通道) 经过调制后所产生的调制信号，表示为

$$
\begin{aligned}
E_{\mathrm{MZM}}\left(\omega\right) = &E_{+1}A_n\delta\left[\omega-(\omega_1+n\omega_{\mathrm{rep}}+\omega_{\mathrm{e}})\right]\\
&+E_{-1}A_n\delta\left[\omega-(\omega_1+n\omega_{\mathrm{rep}}-\omega_{\mathrm{e}})\right]\\
&+E_0A_n\delta\left[\omega-(\omega_1+n\omega_{\mathrm{rep}})\right]\\
&+\sum_{\substack{i=-\infty\\i\neq\pm1,0}}^{\infty}E_iA_n\delta\left[\omega-(\omega_1+n\omega_{\mathrm{rep}}+i\omega_{\mathrm{e}})\right]\\
&+\sum_{\substack{m=1\\m\neq n}}^{N}\sum_{j=-\infty}^{\infty}\alpha_mE_jA_m\delta\left[\omega-(\omega_1+m\omega_{\mathrm{rep}}+j\omega_{\mathrm{e}})\right]
\end{aligned}
\tag{5.29}
$$

其中，$E_{\pm1}$ 和 E_0 分别是扫频 ±1 阶边带和残余载波的相对幅度。

非对称探测信号由式 (5.28) 和式 (5.29) 中的信号合并得到

$$
\begin{aligned}
E_{\mathrm{probe}}\left(\omega\right) = &bA_n\delta\left[\omega-(\omega_1+n\omega_{\mathrm{rep}}+\Delta\omega)\right]\\
&+b\sum_{\substack{m=1\\m\neq n}}^{N}\alpha_mA_m\delta\left[\omega-(\omega_1+m\omega_{\mathrm{rep}}+\Delta\omega)\right]\\
&+E_{+1}A_n\delta\left[\omega-(\omega_1+n\omega_{\mathrm{rep}}+\omega_{\mathrm{e}})\right]\\
&+E_{-1}A_n\delta\left[\omega-(\omega_1+n\omega_{\mathrm{rep}}-\omega_{\mathrm{e}})\right]\\
&+E_0A_n\delta\left[\omega-(\omega_1+n\omega_{\mathrm{rep}})\right]\\
&+\sum_{\substack{i=-\infty\\i\neq\pm1,0}}^{\infty}E_iA_n\delta\left[\omega-(\omega_1+n\omega_{\mathrm{rep}}+i\omega_{\mathrm{e}})\right]\\
&+\sum_{\substack{m=1\\m\neq n}}^{N}\sum_{j=-\infty}^{\infty}\alpha_mE_jA_m\delta\left[\omega-(\omega_1+m\omega_{\mathrm{rep}}+j\omega_{\mathrm{e}})\right]
\end{aligned}
\tag{5.30}
$$

随后，非对称双边带信号分别进入测量路和参考路。在测量路中，非对称探测信号经过待测光器件，携带上待测光器件幅度和相位的信息。所输出的信号可以表示为

$$
E_{\mathrm{meas}}\left(\omega\right) = E_{\mathrm{probe}}\left(\omega\right)\cdot H\left(\omega\right)
$$

$$=bA_nH\left(\omega_1+n\omega_{\mathrm{rep}}+\Delta\omega\right)\delta\left[\omega-\left(\omega_1+n\omega_{\mathrm{rep}}+\Delta\omega\right)\right]$$

$$+b\sum_{\substack{m=1\\m\neq n}}^{N}\alpha_mA_mH\left(\omega_1+m\omega_{\mathrm{rep}}+\Delta\omega\right)\delta\left[\omega-\left(\omega_1+m\omega_{\mathrm{rep}}+\Delta\omega\right)\right]$$

$$+E_{+1}A_nH\left(\omega_1+n\omega_{\mathrm{rep}}+\omega_{\mathrm{e}}\right)\delta\left[\omega-\left(\omega_1+n\omega_{\mathrm{rep}}+\omega_{\mathrm{e}}\right)\right]$$

$$+E_{-1}A_nH\left(\omega_1+n\omega_{\mathrm{rep}}-\omega_{\mathrm{e}}\right)\delta\left[\omega-\left(\omega_1+n\omega_{\mathrm{rep}}-\omega_{\mathrm{e}}\right)\right]$$

$$+E_0A_nH\left(\omega_1+n\omega_{\mathrm{rep}}\right)\delta\left[\omega-\left(\omega_1+n\omega_{\mathrm{rep}}\right)\right]$$

$$+\sum_{\substack{i=-\infty\\i\neq\pm1,0}}^{\infty}E_iA_nH\left(\omega_1+n\omega_{\mathrm{rep}}+i\omega_{\mathrm{e}}\right)\delta\left[\omega-\left(\omega_1+n\omega_{\mathrm{rep}}+i\omega_{\mathrm{e}}\right)\right]$$

$$+\sum_{\substack{m=1\\m\neq n}}^{N}\sum_{j=-\infty}^{\infty}\alpha_mE_jA_mH(\omega_1+m\omega_{\mathrm{rep}}$$

$$+j\omega_{\mathrm{e}})\delta\left[\omega-\left(\omega_1+m\omega_{\mathrm{rep}}+j\omega_{\mathrm{e}}\right)\right] \tag{5.31}$$

光电探测器进行平方律检波后，生成的光电流包含扫频边带、移频载波、残余载波、高阶边带和其他光频梳梳齿产生的调制信号。由于频率上的差异，通过电滤波器即可消除残余载波和高阶边带对测量的影响。扫频边带和移频载波产生的分量可以表示为

$$i_{+1}\left(\omega_{\mathrm{e}}-\Delta\omega\right)=CE_{+1}A_nbH\left(\omega_1+n\omega_{\mathrm{rep}}+\omega_{\mathrm{e}}\right)H^*\left(\omega_1+n\omega_{\mathrm{rep}}+\Delta\omega\right)$$

$$+CE_{+1}b\sum_{\substack{m=1\\m\neq n}}^{N}[\alpha_m^2A_mH\left(\omega_1+m\omega_{\mathrm{rep}}+\omega_{\mathrm{e}}\right)$$

$$\cdot H^*\left(\omega_1+m\omega_{\mathrm{rep}}+\Delta\omega\right)],\quad \text{当 } \omega_{\mathrm{e}}>\Delta\omega \text{ 时}$$

$$i_{+1}\left(\Delta\omega-\omega_{\mathrm{e}}\right)=CE_{+1}A_nbH^*\left(\omega_1+n\omega_{\mathrm{rep}}+\omega_{\mathrm{e}}\right)H\left(\omega_1+n\omega_{\mathrm{rep}}+\Delta\omega\right)$$

$$+CE_{-1}b\sum_{\substack{m=1\\m\neq n}}^{N}[\alpha_m^2A_mH^*\left(\omega_1+m\omega_{\mathrm{rep}}+\omega_{\mathrm{e}}\right)$$

$$\cdot H\left(\omega_1+m\omega_{\mathrm{rep}}+\Delta\omega\right)],\quad \text{当 } \omega_{\mathrm{e}}<\Delta\omega \text{ 时}$$

$$i_{-1}\left(\omega_{\mathrm{e}}+\Delta\omega\right)=CE_{-1}A_nbH^*\left(\omega_1+n\omega_{\mathrm{rep}}-\omega_{\mathrm{e}}\right)H\left(\omega_1+n\omega_{\mathrm{rep}}+\Delta\omega\right)$$

$$+ CE_{-1}b \sum_{\substack{m=1 \\ m\neq n}}^{N} [\alpha_m^2 A_m H^* (\omega_1 + m\omega_{\mathrm{rep}} - \omega_{\mathrm{e}})$$

$$\cdot H (\omega_1 + m\omega_{\mathrm{rep}} + \Delta\omega)] \tag{5.32}$$

其中，C 是由 ± 1 阶边带 (扫频边带)、移频载波和光电探测器响应度决定的常数。从式 (5.32) 可以看出，其他光频梳梳齿产生的镜像边带被抑制了 α_m^2 倍。

在参考路中，非对称双边带信号被直接送入光电探测器中，生成光电流，该光电流包含与公式 (5.32) 相同的频率分量。由于没有待测器件，假设参考路中的传递函数 $H_{\mathrm{DUT}}(\omega) = 1$。在经过 $S_0 = S_{\mathrm{mea}}/S_{\mathrm{ref}}$ 运算后，可消除测量系统中的时变测量误差。为了消除测量系统本身的响应 $H_{\mathrm{sys}}(\omega)$，移除待测光器件后，直接连接两个测试端口以实现直通校准。校准信号可以表示成

$$i_{\mathrm{cal}+1} (\omega_{\mathrm{e}} - \Delta\omega) = CE_{+1} A_n b H_{\mathrm{sys}} (\omega_1 + n\omega_{\mathrm{rep}} + \omega_{\mathrm{e}}) H_{\mathrm{sys}}^* (\omega_1 + n\omega_{\mathrm{rep}} + \Delta\omega)$$

$$+ CE_{+1}b \sum_{\substack{m=1 \\ m\neq n}}^{N} [\alpha_m^2 A_m H_{\mathrm{sys}} (\omega_1 + m\omega_{\mathrm{rep}} + \omega_{\mathrm{e}})$$

$$\cdot H_{\mathrm{sys}}^* (\omega_1 + m\omega_{\mathrm{rep}} + \Delta\omega)], \quad 当 \omega_{\mathrm{e}} > \Delta\omega 时$$

$$i_{\mathrm{cal},+1} (\Delta\omega - \omega_{\mathrm{e}}) = CE_{+1} A_n b H_{\mathrm{sys}}^* (\omega_1 + n\omega_{\mathrm{rep}} + \omega_{\mathrm{e}}) H_{\mathrm{sys}} (\omega_1 + n\omega_{\mathrm{rep}} + \Delta\omega)$$

$$+ CE_{-1}b \sum_{\substack{m=1 \\ m\neq n}}^{N} [\alpha_m^2 A_m H_{\mathrm{sys}}^* (\omega_1 + m\omega_{\mathrm{rep}} + \omega_{\mathrm{e}})$$

$$\cdot H_{\mathrm{sys}} (\omega_1 + m\omega_{\mathrm{rep}} + \Delta\omega)], \quad 当 \omega_{\mathrm{e}} < \Delta\omega 时$$

$$i_{\mathrm{cal},-1} (\omega_{\mathrm{e}} + \Delta\omega) = CE_{-1} A_n b H_{\mathrm{sys}}^* (\omega_1 + n\omega_{\mathrm{rep}} - \omega_{\mathrm{e}}) H_{\mathrm{sys}} (\omega_1 + n\omega_{\mathrm{rep}} + \Delta\omega)$$

$$+ CE_{-1}b \sum_{\substack{m=1 \\ m\neq n}}^{N} [\alpha_m^2 A_m H_{\mathrm{sys}}^* (\omega_1 + m\omega_{\mathrm{rep}} - \omega_{\mathrm{e}})$$

$$\cdot H_{\mathrm{sys}} (\omega_1 + m\omega_{\mathrm{rep}} + \Delta\omega)] \tag{5.33}$$

由于 α_m^2 极小，因此可以忽略其他光频梳梳齿产生的分量。通过式 (5.32) 和式 (5.33) 可得到待测光器件的传输响应

$$H_{\mathrm{DUT}} (\omega_1 + m\omega_{\mathrm{rep}} - \omega_{\mathrm{e}})$$

$$= \frac{i_{-1}^* (\omega_{\mathrm{e}} + \Delta\omega)}{i_{\mathrm{cal},-1}^* (\omega_{\mathrm{e}} + \Delta\omega) H_{\mathrm{DUT}}^* (\omega_1 + n\omega_{\mathrm{rep}} + \Delta\omega)}$$

$$H_{\mathrm{DUT}}(\omega_1 + m\omega_{\mathrm{rep}} + \omega_{\mathrm{e}})$$

$$= \frac{i_{+1}^*(\Delta\omega - \omega_{\mathrm{e}})}{i_{\mathrm{cal},+1}^*(\Delta\omega - \omega_{\mathrm{e}}) H_{\mathrm{DUT}}^*(\omega_1 + n\omega_{\mathrm{rep}} + \Delta\omega)}, \quad \text{当 } \omega_{\mathrm{e}} < \Delta\omega \text{ 时}$$

$$H_{\mathrm{DUT}}(\omega_1 + m\omega_{\mathrm{rep}} + \omega_{\mathrm{e}})$$

$$= \frac{i_{+1}(\omega_{\mathrm{e}} - \Delta\omega)}{i_{\mathrm{cal},+1}(\omega_{\mathrm{e}} - \Delta\omega) H_{\mathrm{DUT}}^*(\omega_1 + n\omega_{\mathrm{rep}} + \Delta\omega)}, \quad \text{当 } \omega_{\mathrm{e}} > \Delta\omega \text{ 时} \qquad (5.34)$$

其中，$H_{\mathrm{DUT}}(\omega_1 + n\omega_{\mathrm{rep}} + \Delta\omega)$ 为常数，是待测光器件在移频载波波长处的响应。扫描微波信号的频率，可以精确地获得待测光器件的频谱响应 $H_{\mathrm{DUT}}(\omega_1 + m\omega_{\mathrm{rep}} - \omega_{\mathrm{e}})$ 和 $H_{\mathrm{DUT}}(\omega_1 + m\omega_{\mathrm{rep}} + \omega_{\mathrm{e}})$。

　　根据图 5.19 搭建了光矢量分析系统，进行了实验验证。光频梳产生模块生成了频率间隔为 25 GHz 的光频梳信号，其中 43 根光梳齿功率相对较高，被选为测量系统的光载波。图 5.20 是所生成的光频梳信号和通过光滤波器选出的光梳齿的光谱图。从图 5.20 (b) 和 (c) 可以看出，光滤波器滤出的光载波在中心部分边模抑制比为 46.23 dB，边缘部分为 21.52 dB。微波信号的扫频范围为光频梳频率间隔的一半，即 12.5 GHz。此时，±1 阶边带即可扫描出所选光频梳两侧 25 GHz 范围内的频率响应。

　　图 5.21 是氰化氢 ($\mathrm{H^{13}C^{14}N}$) 气室频率响应的测量结果。由于 $\mathrm{H^{13}C^{14}N}$ 气室在任意两个相邻通道中的响应是连续的，因此无论光频梳的功率差异如何，都可以将不同通道中的测量响应拼接在一起。另外，由于光频梳的高频率稳定性，所提方法可以极大地扩展测量范围，并且不会降低测量分辨率。在实验中，将频率间隔为 25 GHz 的所有 43 根梳齿一一滤出，作为光载波逐一进行测量，从而将测量范围提高到 1.075 THz。作为对比，使用分辨率为 5 MHz 的光谱分析仪 (OSA，APEX AP2041B) 测量待测器件的幅度响应，结果如图 5.21 (a) 所示。可以看出，光矢量分析方法和光谱仪的测量结果非常吻合。值得注意的是，在光频梳边缘区域中测得响应的信噪比 (SNR) 低于中间区域，这是因为边缘区域中的梳齿功率较小。

　　该方法的测量范围主要取决于所选用光频梳的频谱覆盖范围。如果增大光频梳的频率间隔和梳齿线的数量，理论上测量范围可以扩展到数十或数百太赫兹。然而，光频梳的线宽受到微波信号相位噪声的影响，会发生加宽的现象，导致分辨率降低。在该实验中，用于生成光频梳的微波信号的线宽处于亚赫兹水平，因此 43 根梳齿线宽的加宽可忽略 (<10 Hz)。

　　为了验证测量系统的高分辨率，实验测量了臂长差为 100 m 的光纤迈克耳孙干涉仪，该干涉仪具有理想的余弦型频谱响应和 1.0218 MHz 的自由光谱范围

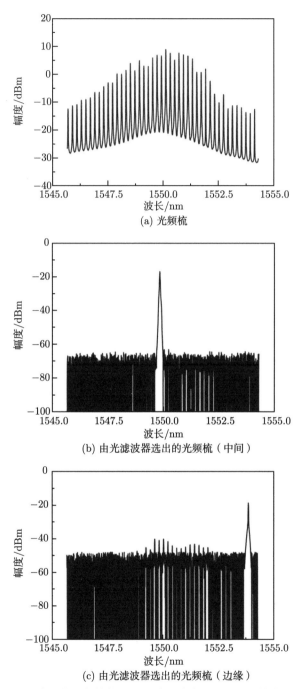

(a) 光频梳

(b) 由光滤波器选出的光频梳（中间）

(c) 由光滤波器选出的光频梳（边缘）

图 5.20　所生成的光频梳信号和通过光滤波器选出的光梳齿的光谱图

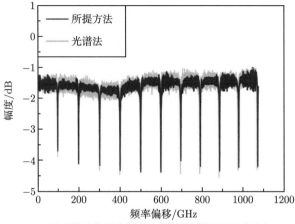

(a) 所提光矢量分析方法和光谱仪测得的幅度响应

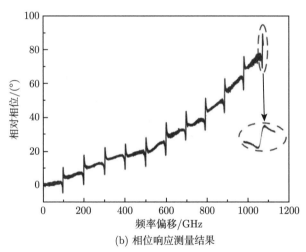

(b) 相位响应测量结果

图 5.21 $H^{13}C^{14}N$ 气室频率响应的测量结果

(FSR)。图 5.22 是所测得的幅度响应和相位响应。图 5.22 (a) 中，灰色实线是光矢量分析方法的测量结果，由 3 MHz 测量范围内的 9001 个点组成，分辨率为 334 Hz。测量结果与理论响应几乎完全一致，验证了所提出的光矢量分析方法的精确性。所测得的 FSR 为 1.0217 MHz，由此计算出的干涉仪臂长差为 100.0086 m，非常接近设计值。作为对比，本书使用光谱仪测量光纤迈克耳孙干涉仪的响应，该干涉仪在 3 MHz 范围内只有两个点。图 5.22 (b) 显示了在 30 kHz 范围内测量的细节图。在如此窄的带宽下，测量结果仍显示出很高的稳定性，表明该方法可以在高分辨率下提供准确的测量。应该注意的是，如果可以将激光器的线宽缩小到几赫兹且频率漂移非常慢，那么分辨率可达到赫兹水平。

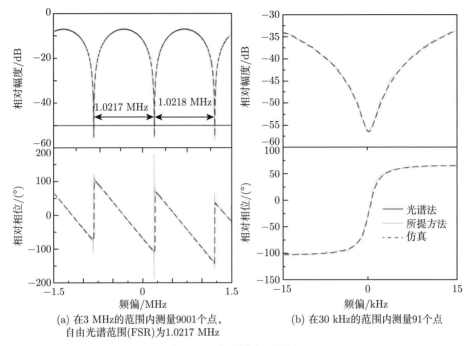

(a) 在3 MHz的范围内测量9001个点，
自由光谱范围(FSR)为1.0217 MHz

(b) 在30 kHz的范围内测量91个点

图 5.22 高分辨率测量结果

为了验证测量系统的超大动态范围，将可编程光学滤波器 (WaveShaper 4000S) 和受激布里渊散射增益谱级联，作为待测器件。滤波器的阻带衰减值设置为 60 dB，而 8 km 的单模光纤会激发大约 30 dB 的受激布里渊散射增益。选择光频梳中间的梳齿线作为载波。图 5.23(a) 为系统动态范围的示意图，图 5.23(b) 显示了所测量的幅度响应 (黑线)，测量范围为 30 GHz。受激布里渊散射提供的

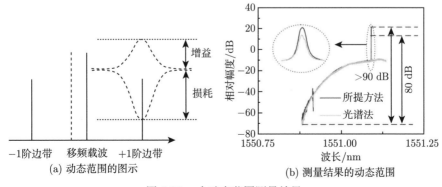

(a) 动态范围的图示

(b) 测量结果的动态范围

图 5.23 大动态范围测量结果

峰值增益为 31 dB，而滤波器的衰减大于 59 dB，表明所提方法的动态范围大于 90 dB。作为对比，利用 5 MHz 分辨率的光谱仪进行了测量，得到的动态范围大约为 80 dB (灰线)。除峰值增益外，这两个测量结果吻合得很好。如果在光电探测器之前插入可变光衰减器和放大器，动态地调节进入光电探测器的光功率，则动态范围还可以进一步扩展。

5.5　本章小结

本章提出基于非对称光双边带扫频的光矢量分析方法，该方法具有测量带宽大、分辨率高、稳定性好、精度高等优点。首先对非对称双边带扫频的光矢量分析方法进行了理论建模，分析了非对称光双边带信号不理想性 (如存在移频载波的镜像分量、残留原始载波、高阶边带等) 对测量系统性能的影响。接着介绍了三种非对称双边带信号的产生方法及其应用于光矢量分析的效果，最后介绍了非对称双边带扫频光矢量分析技术与光频梳技术结合，实现阿米级分辨率，90 dB 动态范围和太赫兹带宽的方案。

第 6 章　边带调控双边带扫频光矢量分析

正如 5.1 节所述，电光调制器直接产生的双边带调制信号同阶边带具有良好的频率对称性，如果直接应用于光矢量分析，光载波两侧的光谱响应会发生混叠。本书第 5 章介绍的非对称双边带扫频光矢量分析技术，本质上是对载波的频率进行调控，从而打破双边带调制信号的对称性。然而，实现载波移频双边带扫频信号需要复杂的电光调制，显著提升了系统的复杂度。

本章将对电光调制信号边带的幅度或相位进行调控，采用两种具有不同相对幅度或相对相位的双边带调制信号进行两次测量，解算得到待测光器件的频谱响应。该方法的核心是通过数据处理解决双边带扫频光矢量分析的频谱响应混叠问题，因而可大大降低测量系统硬件上的复杂度 [57,94-97]。

6.1　边带调控双边带扫频光矢量分析的原理

图 6.1 是边带调控双边带扫频光矢量分析原理框图。该光矢量分析方法通过改变双边带信号两边带的相对幅相关系，采用具有不同幅度或相位关系的两种光双边带信号分别测量待测光器件，而后建立解算矩阵进行幅相解耦，获得待测光器件的频谱响应。具体原理如下。

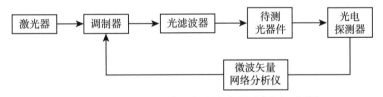

图 6.1　边带调控双边带扫频光矢量分析原理框图

边带调控双边带扫频光矢量分析系统，幅相接收机接收到的角频率为 ω_e 的光电流分量可用式 (3.4) 表示，将其改写成矩阵形式，可得

$$\frac{1}{2\pi\eta(\omega_e)}i_T(\omega_e) = \begin{bmatrix} E_0 E_{-1}^* & E_{+1} E_0^* \end{bmatrix} \begin{bmatrix} H(\omega_c) H^*(\omega_c - \omega_e) \\ H^*(\omega_c) H(\omega_c + \omega_e) \end{bmatrix} \tag{6.1}$$

其中，$i_T(\omega)$ 为频率为 ω 的光电流，$\eta(\omega)$ 是光电探测器的传输函数，ω_c 和 ω_e 分别为光载波和微波扫频信号的角频率，$E_{\pm1}$ 和 E_0 分别为 ±1 阶边带和光载波的复幅

度，$H(\omega)=H_{\mathrm{DUT}}(\omega)\cdot H_{\mathrm{sys}}(\omega)$ 是待测光器件和测量系统的联合传输函数，$H_{\mathrm{DUT}}(\omega)$ 是待测光器件的传输函数，$H_{\mathrm{sys}}(\omega)$ 是测量系统的传输函数。

　　根据式 (6.1)，采用光双边带扫频信号测量待测光器件获得的光电流中，由于 ± 1 阶边带与光载波拍频产生的光电流分量具有相同的角频率 ω_{e}，因而，无法区分这两个光电流分量，进而无法解耦获得待测光器件光载波两侧的传输函数 $H(\omega_{\mathrm{c}}-\omega_{\mathrm{e}})$ 和 $H(\omega_{\mathrm{c}}+\omega_{\mathrm{e}})$。

　　改变光双边带信号光载波和扫频边带之间的幅度或相位关系，再次进行测量，即可构建出如下矩阵方程：

$$
\frac{1}{2\pi\eta(\omega_{\mathrm{e}})}\left[\begin{array}{c} i_{\mathrm{T1}}(\omega_{\mathrm{e}}) \\ i_{\mathrm{T2}}(\omega_{\mathrm{e}}) \end{array}\right]=\left[\begin{array}{cc} (E_0 E_{-1}^*)_1 & (E_{+1}E_0^*)_1 \\ (E_0 E_{-1}^*)_2 & (E_{+1}E_0^*)_2 \end{array}\right]\left[\begin{array}{c} H(\omega_{\mathrm{c}})H^*(\omega_{\mathrm{c}}-\omega_{\mathrm{e}}) \\ H^*(\omega_{\mathrm{c}})H(\omega_{\mathrm{c}}+\omega_{\mathrm{e}}) \end{array}\right]
$$

$$(6.2)$$

其中，$i_{\mathrm{T1}}(\omega)$ 和 $i_{\mathrm{T2}}(\omega)$ 分别是两次测量得到的光电流，$(\cdot)_1$ 和 $(\cdot)_2$ 分别为两次测量中光载波和 ± 1 阶扫频边带幅度的乘积值。假设待测光器件在光载波处的响应 $H(\omega_{\mathrm{c}})$ 为一实数，对矩阵方程 (6.2) 进行解算即可得到其传输函数。解算结果可以表示为

$$
\left[\begin{array}{c} H^*(\omega_{\mathrm{c}}-\omega_{\mathrm{e}}) \\ H(\omega_{\mathrm{c}}+\omega_{\mathrm{e}}) \end{array}\right]=\frac{1}{2\pi\eta(\omega_{\mathrm{e}})\mid H(\omega_{\mathrm{c}})}\left[\begin{array}{cc} (E_0 E_{-1}^*)_1 & (E_{+1}E_0^*)_1 \\ (E_0 E_{-1}^*)_2 & (E_{+1}E_0^*)_2 \end{array}\right]^{-1}\left[\begin{array}{c} i_{\mathrm{T1}}(\omega_{\mathrm{e}}) \\ i_{\mathrm{T2}}(\omega_{\mathrm{e}}) \end{array}\right]
$$

$$(6.3)$$

　　由式 (6.3) 可知，对于双边带扫频光矢量分析技术而言，其核心在于如何改变光载波和 ± 1 阶扫频边带的幅度或相位关系，使 $E_0 E_{-1}^*$ 和 $E_{+1}E_0^*$ 两项在两次测量时取值不同，以保证式 (6.3) 中的 2×2 矩阵可逆，从而可以解算出待测光器件载波两侧的频率响应 $H(\omega)$。移除待测光器件将两测试端口直接相连，即可测得测量系统的传输函数 $H_{\mathrm{sys}}(\omega)$。利用 $H_{\mathrm{DUT}}(\omega)=H(\omega)/H_{\mathrm{sys}}(\omega)$ 即可获得待测光器件的传输函数 $H_{\mathrm{DUT}}(\omega)$。值得指出的是，边带调控双边带扫频光矢量分析技术的幅相测量精度取决于幅度或相位的控制精度。

6.2　边带调控双边带扫频光矢量分析的实现方法

　　实现边带调控双边带扫频光矢量分析的关键是改变双边带信号 ± 1 阶边带的幅度或相位。本节将分别介绍基于边带滤波 (边带幅度调控) 的双边带光矢量分析方法、基于强度调制和相位调制的双边带光矢量分析方法、基于强度调制器偏置点控制的双边带光矢量分析方法和基于双平行调制 (边带相位调控) 的双边带光矢量分析方法。

6.2.1　基于边带滤波的双边带光矢量分析

　　基于边带滤波的双边带光矢量分析方法采用光滤波器对双边带扫频信号的边带进行幅度调控。首先由马赫-曾德尔调制器生成双边带信号，而后采用光滤波器对双边带信号一侧的边带施加两种不同的衰减，生成不同边带抑制比的两种双边带信号；然后，分别采用两种光双边带扫频信号测量待测光器件的频率响应，建立如式 (6.3) 所示的解算矩阵。其中，两种不同光双边带信号引入的传输矩阵为

$$
\begin{bmatrix}
(E_0 E_{-1}^*)_1 & (E_{+1} E_0^*)_1 \\
(E_0 E_{-1}^*)_2 & (E_{+1} E_0^*)_2
\end{bmatrix}
=
\begin{bmatrix}
\alpha_1 E_0 E_{-1}^* & E_0^* E_1 \\
\alpha_2 E_0 E_{-1}^* & E_0^* E_1
\end{bmatrix}
\tag{6.4}
$$

其中，α_1 和 α_2 表示两次测量中光滤波器对 -1 阶边带施加的不同衰减量，是可预先测得的值。

　　图 6.2 是基于边带滤波的双边带光矢量分析实验框图。可调谐激光器 (N7714A) 输出的光载波被送到偏振调制器 (polarization modulator, PolM)，其波长调谐范围为 38 nm (1527~1565 nm)，线宽小于 100 kHz，24 h 波长漂移小于 2.5 pm。偏振调制器是一种特殊的相位调制器，支持沿两个正交偏振轴进行相反的相位调制。具有独立可调中心波长、带宽和衰减的可编程光学滤波器 (Finisar WaveShaper 4000S) 用作可重构光学滤波器，提供两种衰减量。带宽为 50 GHz、响应度为 0.65 A/W 的高速光电探测器 (u²t XPDV2150R) 用于将光信号转换为光电流，并由微波矢量网络分析仪 (E8364A) 提取幅度和相位信息。

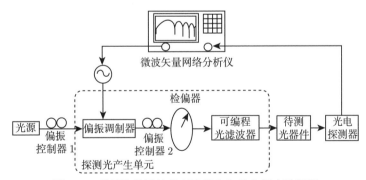

图 6.2　基于边带滤波的双边带光矢量分析实验框图

　　将可编程光滤波器的阻带设置在双边带信号 +1 阶边带的扫频范围内，改变可编程光滤波器的衰减即可实现不同的边带抑制比。实验中，可编程光滤波器的衰减量分别设为 10 dB、20 dB 和 40 dB，光载波设置为 1559.16 nm，微波信号频率设置为 10 GHz。图 6.3 是经可编程光滤波器滤波得到的光双边带信号光谱。可以看出，边带抑制比为 40 dB 的光双边带信号已接近光单边带信号。

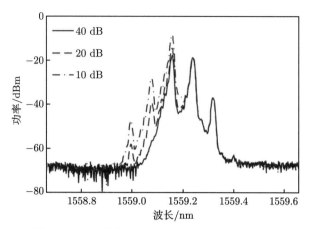

图 6.3   不同边带抑制比的光双边带信号光谱图

将超窄相移光纤布拉格光栅用作待测光器件，分别采用边带抑制比为 10 dB、20 dB 和 40 dB 的光双边带扫频信号进行测量，结果如图 6.4 所示。从图中可以

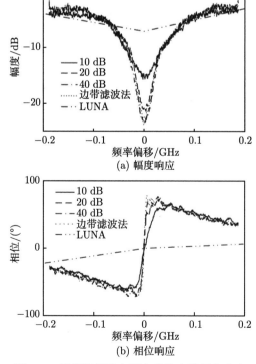

图 6.4   测得的相移光纤布拉格光栅频率响应

看出，测得的幅度响应和相位响应误差随边带抑制比的减小而增大。以边带抑制比为 40 dB 时测得的阻带深度作为参考值，边带抑制比为 10 dB 时测量误差为 8.1 dB，边带抑制比为 20 dB 时测量误差为 1.9 dB。

采用式 (6.3) 和式 (6.4) 对边带抑制比为 10 dB 和 20 dB 的光双边带信号测量结果进行解算，得到的幅度响应和相位响应如图 6.4 中点线 (不包含 LUNA 测量曲线) 所示。从图中可以看出，基于边带滤波的双边带光矢量分析方法获得的频谱响应与边带抑制比为 40 dB 时的测量结果一致。这表明，基于边带滤波的双边带光矢量分析方法可以实现与理想单边带扫频光矢量分析相同的测量精度。实验中，还使用商用光矢量分析仪 (LUNA CTe OVA 4000) 测量了该相移光纤布拉格光栅的幅度响应和相位响应，结果如图 6.4 所示。从图中可以看到商用仪表在 0.4 GHz 范围内只有三个有效测量点，频率分辨率为 0.2 GHz。而基于边带滤波的双边带扫频或光单边带扫频的光矢量分析方法在 0.4 GHz 范围内有 1201 个测量点，频率分辨率达 333 kHz，远高于商用光矢量分析仪。

图 6.5 是所提方法测得的啁啾光纤布拉格光栅幅度响应。图 6.5 (a)是分别采

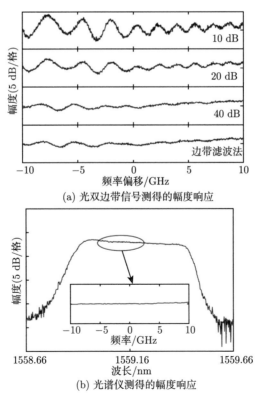

(a) 光双边带信号测得的幅度响应

(b) 光谱仪测得的幅度响应

图 6.5　测得的啁啾光纤布拉格光栅幅度响应

用边带抑制比为 10 dB、20 dB 和 40 dB 的光双边带信号获得的归一化幅度响应。此时，中心波长设为 1558.998 nm，测量范围设为 20 GHz。采用光双边带信号得到的幅度响应存在明显的幅度波动，这是由未完全抑制的 −1 阶边带生成的光电流分量与 +1 阶边带生成的光电流分量幅相耦合而产生的。因而，边带抑制比越小，幅度的波动就越明显。而采用所提方法解算获得的幅度响应与边带抑制比为 40 dB 的光单边带信号测得的幅度响应一致。相比于边带抑制比为 10 dB 和 20 dB 的光双边带信号直接测得的结果，测量精度分别提升了 2.8 dB 和 1 dB。图 6.5 (b) 是采用高分辨率光谱仪测得的啁啾光纤布拉格光栅幅度响应。从图中可以看出，通带具有平坦的响应，图中给出以 1558.998 nm 为中心的 20 GHz 范围内的归一化幅度响应。两者的一致性进一步验证了上述测量结果的正确性。

在给定光波长下，微波矢量网络分析仪的带宽决定了该方法光谱响应的测量范围。当然，也可通过 2.4 节的光频梳通道化测量方法拓展测量带宽。但在选择不同梳齿时，光学滤波器的中心波长要随之调节。

6.2.2 基于强度调制和相位调制的双边带光矢量分析

基于强度调制和相位调制的双边带光矢量分析方法采用常用的强度调制信号和相位调制信号分别测量待测光器件的频率响应，而后建立如式 (6.5) 所示的解算矩阵，解算得到待测光器件的频率响应。相位调制信号可以看作对强度调制信号 −1 阶边带施加 180° 的相位得到。因而，强度调制信号和相位调制信号引入的传输矩阵为

$$
\begin{bmatrix}
(E_0 E_{-1}^*)_1 & (E_{+1} E_0^*)_1 \\
(E_0 E_{-1}^*)_2 & (E_{+1} E_0^*)_2
\end{bmatrix}
=
\begin{bmatrix}
H_{\mathrm{IM}}(\omega_e) & H_{\mathrm{IM}}(\omega_e) \\
H_{\mathrm{PM}}(\omega_e) \exp(i\pi) & H_{\mathrm{PM}}(\omega_e)
\end{bmatrix}
\tag{6.5}
$$

其中，$H_{\mathrm{IM}}(\omega_e)$ 和 $H_{\mathrm{PM}}(\omega_e)$ 分别是强度调制和相位调制链路的传输函数，可预先测得 [98,99]。

图 6.6 是基于强度调制和相位调制的双边带光矢量分析原理框图。可调谐激光器 (N7714A) 输出光功率为 16 dBm 的光载波信号。40 Gbit/s 的单驱动马赫-曾德尔调制器 (Fujitsu) 和 40 Gbit/s 的相位调制器 (EOSPACE Inc.) 分别用作强度调制器和相位调制器，产生强度调制信号和相位调制信号。光电探测器 (Finisar XPDV2120R) 将光信号转换为光电流，其带宽为 50 GHz，响应率为 0.65 A/W。可编程光学滤波器 (Finisar WaveShaper 4000S) 用作待测光器件。67 GHz 的微波矢量网络分析仪 (R&S ZVA67) 用作微波扫频信号源和微波幅相接收机。偏置点控制器 (MBC, YY Labs Inc.) 用于确保马赫-曾德尔调制器工作在线性传输点。

要解算获得待测光器件的频率响应，马赫-曾德尔调制器和光电探测器的联合响应、相位调制器和光电探测器的联合响应需要被提前测量。图 6.7 是强度调制链

路和相位调制链路的幅度响应与相位响应。测量频率范围从 10 MHz 到 50 GHz。从图中可以看出，随着微波调制信号频率的增大，电光调制和光电转换的效率降低。这使得测量系统的动态范围随调制频率的增加而减小。

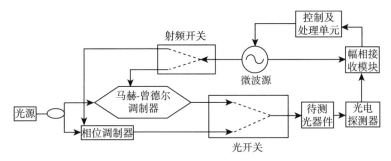

图 6.6 基于强度调制和相位调制的双边带光矢量分析原理框图

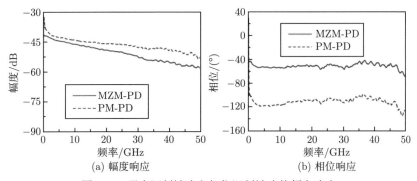

图 6.7 强度调制链路和相位调制链路的频率响应

图 6.8 是直通校准和级联待测光器件时测得的频率响应。图 6.8(a) 和 (b) 是直通校准时强度调制链路光电流 $i_{\mathrm{sys,IM}}(\omega_{\mathrm{e}})$ 和相位调制链路光电流 $i_{\mathrm{sys,PM}}(\omega_{\mathrm{e}})$ 的幅度与相位。图 6.8(c) 和 (d) 是级联待测光器件时两个链路光电流 $i_{\mathrm{IM}}(\omega_{\mathrm{e}})$ 和 $i_{\mathrm{PM}}(\omega_{\mathrm{e}})$ 的幅度与相位。

实验中待测光器件是可编程光滤波器，在不同的频率处有两个类似希尔伯特变换的响应。根据式 (6.5)，对直通时测得的光电流 $i_{\mathrm{sys,IM}}(\omega_{\mathrm{e}})$ 和 $i_{\mathrm{sys,PM}}(\omega_{\mathrm{e}})$ 进行解算，可得测量系统的频率响应 $H_{\mathrm{sys}}(\omega_{\mathrm{c}}-\omega_{\mathrm{e}})$ 和 $H_{\mathrm{sys}}(\omega_{\mathrm{c}}+\omega_{\mathrm{e}})$；对级联待测光器件时测得的光电流 $i_{\mathrm{IM}}(\omega_{\mathrm{e}})$ 和 $i_{\mathrm{PM}}(\omega_{\mathrm{e}})$ 进行解算，可得到待测光器件和测量系统的联合响应 $H(\omega_{\mathrm{c}}-\omega_{\mathrm{e}})$ 和 $H(\omega_{\mathrm{c}}+\omega_{\mathrm{e}})$。由解算得到的联合响应和系统响应，即可得到待测光器件在载波两侧的频率响应 $H_{\mathrm{DUT}}(\omega_{\mathrm{c}}-\omega_{\mathrm{e}})$ 和 $H_{\mathrm{DUT}}(\omega_{\mathrm{c}}+\omega_{\mathrm{e}})$，如图 6.9 实线所示。

从图 6.9 可以看出，100 GHz 的频率测量范围 (从光载波的 −50 GHz 到

50 GHz 的频偏) 是采用 50 GHz 带宽的器件测得。作为比较，采用单边带扫频光矢量分析方法测得的光载波左侧的幅度响应和相位响应也绘制在图 6.9 中。对比可以看出，两种方法测得的幅度响应和相位响应是一致的。

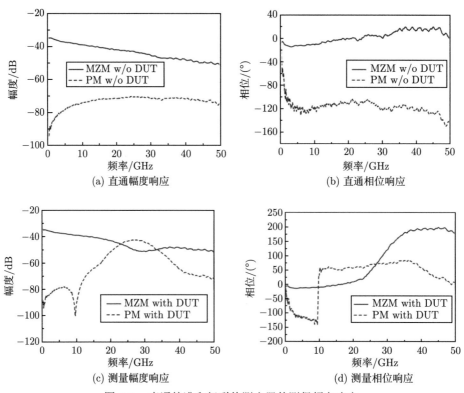

(a) 直通幅度响应　　　　　　　(b) 直通相位响应

(c) 测量幅度响应　　　　　　　(d) 测量相位响应

图 6.8　直通校准和级联待测光器件测得频率响应

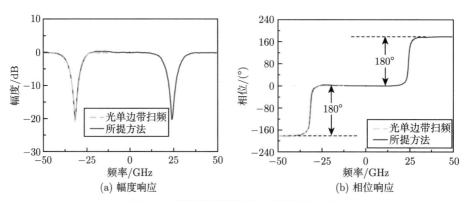

(a) 幅度响应　　　　　　　(b) 相位响应

图 6.9　解算得到的待测光器件频率响应

　　图 6.10 是可编程光学滤波器设置为带通滤波响应时测得的幅度响应和相位响应。采用高分辨率光谱分析仪 (APEX AP2040C) 测得的幅度响应也绘制在图 6.10(a) 中。从图中可以看出，本方法测得的幅度响应与商用仪表的测量结果具有良好的一致性。由于测量阻带的响应时，扫频边带被抑制，因而阻带内测量的幅度响应和相位响应包含明显的噪声。

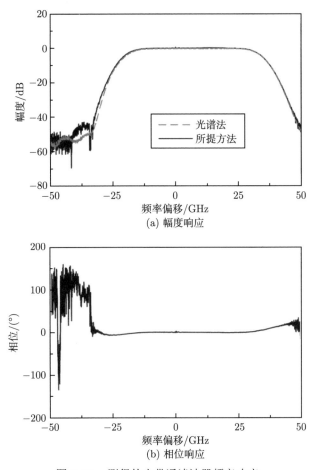

(a) 幅度响应

(b) 相位响应

图 6.10　测得的光带通滤波器频率响应

　　基于强度调制和相位调制的双边带光矢量分析方法的分辨率比商用光矢量分析仪 (LUNA，OVA5000) 提高了 20 倍，后者为 1.6 pm (对应 200 MHz@1550 nm)。此外，该方法采用 50 GHz 光电器件实现了 100 GHz 的测量范围。受限于可调谐激光器的线宽，频率分辨率约为 100 kHz。通过使用超窄线宽激光器 [14]，有望实现亚赫兹分辨率。同时，得益于微波矢量网络分析仪的大动态范围 (通常为

130 dB），考虑到系统链路的影响，可以获得超过 100 dB 的动态范围。根据微波矢量网络分析仪的性能和测量系统的稳定性，幅值和相位响应的测量精度分别为 0.4 dB 和 4°。测量速度主要由测量点和微波矢量网络分析仪的中频带宽决定。在实验中，中频带宽设置为 1 kHz，测量速度约为 2 ms/频点。由于设置 10 000 个测量点，单次测量大约耗时 20 s。此外，该测量系统是波长无关的，因此光器件在任何波长的响应都可以通过简单地调节光载波的波长来实现。

6.2.3　基于强度调制器偏置点控制的双边带光矢量分析

为了进一步简化边带调控双边带扫频光矢量分析的结构，提出了基于强度调制器偏置点控制的双边带光矢量分析方法。该方法采用单驱动马赫-曾德尔调制器实现双边带调制，对马赫-曾德尔调制器进行两次不同的偏置点设置产生两组不同的双边带扫频信号，分别测量待测光器件的频率响应，建立如式 (6.6) 所示的复数方程组。

该光信号经光电探测器的平方律检波后，得到的光电流为

$$i_1(\omega_e) = \eta H^*(\omega_c - \omega_e) H(\omega_c)(A_0 + A_0'\exp(j\theta_1))A_1^* \exp\left(-i\frac{\pi}{2}\right)$$

$$+\eta H(\omega_c + \omega_e) H^*(\omega_c)(A_0 + A_0'\exp(j\theta_1))^* A_1 \exp\left(i\frac{\pi}{2}\right) \tag{6.6}$$

其中，η 为光电探测器的响应系数，A_0 和 A_0' 为马赫-曾德尔调制器两个调制臂输出的载波幅度，θ_1 为直流偏置引入的相位。

由于单臂马赫-曾德尔调制器存在相位调制，无法通过直接拍频的方法获取 $(A_0 + A_0'\exp(j\theta_1))$ 的全部信息。为了获取光载波的幅相信息，将待测光器件换成传输函数已知的标准光单边带滤波器，滤除马赫-曾德尔调制器输出双边带信号的一个边带；扫描微波源的频率，实现级联标准光单边带滤波器的系统响应测量。移除标准光单边带滤波器的响应，获得马赫-曾德尔调制器在偏置点为 θ_1 时的单边带响应，经过光电探测器的光电转化，其输出电流可表示为

$$i_{1ssb}(\omega_e) = \eta A_1 H_{ssb}(\omega_c + \omega_e)(A_0 + A_0'\exp(j\theta_1))^* H_{ssb}^*(\omega_c) \exp\left(i\frac{\pi}{2}\right) \tag{6.7}$$

其中，$H_{ssb}(\omega_e)$ 为强度调制器的单边带响应。由于调制器输出的两个一阶边带具有对称性，该方法也对马赫-曾德尔调制器输出双边带信号的 -1 阶边带同样适用。该方法在系统中只需要校准一次即可，无须待测光器件测量前重新校准。联立式 (6.6) 和式 (6.7)，可得

$$\frac{i_1(\omega_e)}{i_{1ssb}(\omega_e)} H_{ssb}(\omega_c + \omega_e) H_{ssb}^*(\omega_c)$$

$$= H^* \left(\omega_\mathrm{c} \right) H \left(\omega_\mathrm{c} + \omega_\mathrm{e} \right) - \frac{\left(A_0 + A_0' \exp \left(\mathrm{j} \theta_1 \right) \right) A_1^*}{\left(A_0 + A_0' \exp \left(\mathrm{j} \theta_1 \right) \right)^* A_1} H \left(\omega_\mathrm{c} \right) H^* \left(\omega_\mathrm{c} - \omega_\mathrm{e} \right)$$

$$= H^* \left(\omega_\mathrm{c} \right) H \left(\omega_\mathrm{c} + \omega_\mathrm{e} \right) - \exp \left(\mathrm{j} 2 \varphi_1 \right) H \left(\omega_\mathrm{c} \right) H^* \left(\omega_\mathrm{c} - \omega_\mathrm{e} \right) \tag{6.8}$$

其中，令 $\mathrm{e}^{\mathrm{j} \varphi 1} = [(A_{0+} A_0' \exp(\mathrm{j} \theta_1)) A_1^*] / [(A_{0+} A_0' \exp(\mathrm{j} \theta_1))^* A_1]$。

同理，当偏置点控制器使马赫-曾德尔调制器工作在相移量为 θ_2 处时，可得

$$\frac{i_2 \left(\omega_\mathrm{e} \right)}{i_{2\mathrm{ssb}} \left(\omega_\mathrm{e} \right)} H_\mathrm{ssb} \left(\omega_\mathrm{c} + \omega_\mathrm{e} \right) H_\mathrm{ssb}^* \left(\omega_\mathrm{c} \right)$$

$$= H^* \left(\omega_\mathrm{c} \right) H \left(\omega_\mathrm{c} + \omega_\mathrm{e} \right) - \frac{\left(A_0 + A_0' \exp \left(\mathrm{j} \theta_2 \right) \right) A_1^*}{\left(A_0 + A_0' \exp \left(\mathrm{j} \theta_2 \right) \right)^* A_1} H \left(\omega_\mathrm{c} \right) H^* \left(\omega_\mathrm{c} - \omega_\mathrm{e} \right)$$

$$= H^* \left(\omega_\mathrm{c} \right) H \left(\omega_\mathrm{c} + \omega_\mathrm{e} \right) - \exp \left(\mathrm{j} 2 \varphi_2 \right) H \left(\omega_\mathrm{c} \right) H^* \left(\omega_\mathrm{c} - \omega_\mathrm{e} \right) \tag{6.9}$$

其中，$\mathrm{e}^{\mathrm{j} \varphi 2} = [(A_{0+} A_0' \exp(\mathrm{j} \theta_2)) A_1^*] / [(A_{0+} A_0' \exp(\mathrm{j} \theta_2))^* A_1]$。

根据式 (6.8) 和式 (6.9) 可获得解算方程组

$$\begin{bmatrix} H^* \left(\omega_\mathrm{c} - \omega_\mathrm{e} \right) \\ H \left(\omega_\mathrm{c} + \omega_\mathrm{e} \right) \end{bmatrix} = \frac{H_\mathrm{ssb} \left(\omega_\mathrm{c} + \omega_\mathrm{e} \right) H_\mathrm{ssb}^* \left(\omega_\mathrm{c} \right)}{\left| H \left(\omega_\mathrm{c} \right) \right|} \begin{bmatrix} 1 & -\exp \left(\mathrm{j} 2 \varphi_1 \right) \\ 1 & -\exp \left(\mathrm{j} 2 \varphi_2 \right) \end{bmatrix}^{-1} \begin{bmatrix} \dfrac{i_1 \left(\omega_\mathrm{e} \right)}{i_{1\mathrm{ssb}} \left(\omega_\mathrm{e} \right)} \\ \dfrac{i_2 \left(\omega_\mathrm{e} \right)}{i_{2\mathrm{ssb}} \left(\omega_\mathrm{e} \right)} \end{bmatrix}$$

$$\tag{6.10}$$

移除待测光器件将两测试端口直接相连,可测得测量系统的传输函数。根据测得的待测光器件和测试系统的联合传输函数 $H(\omega)$ 与测量系统传输函数 $H_\mathrm{sys}(\omega)$，即可获得待测光器件的传输函数 $H_\mathrm{DUT}(\omega)$。

图 6.11 是基于强度调制器偏置点控制的双边带光矢量分析原理框图。实验中，微波源的频率扫描范围为 10 MHz ~ 67 GHz，光载波的波长设置为 1549.51 nm，位于阻带响应下降沿和希尔伯特变换响应之间。通过设置偏置控制电路，马赫-曾德尔调制器在第一次测量中工作在正正交传输点 (Q+)，第二次测量中工作在负正交传输点 (Q−)，使得 $\varphi_2 - \varphi_1 = 180°$。

图 6.12 是马赫-曾德尔调制器分别工作在 Q+ 点和 Q− 点时，级联待测光器件 (DUT) 前后测得的幅度响应和相位响应。图 6.12(a) 是马赫-曾德尔调制器工作在 Q+ 点时，光矢量分析系统在级联待测光器件 (虚线) 和未级联待测光器件 (实线) 情况下获得的幅度响应，对应的相位响应如图 6.12(b) 所示。图 6.12(c) 和图 6.12(d) 是马赫-曾德尔调制器工作在 Q− 点时，在级联待测光器件前后情况下测得的幅度和相位响应。图 6.12(b) 中起始相位响应为 142.5°，图 6.12(d) 的起始

相位是 $-37.4°$，两者相差 $179.9°$。这表明实验中马赫-曾德尔调制器的偏置点控制十分精准，可有效保证测量结果的准确性。

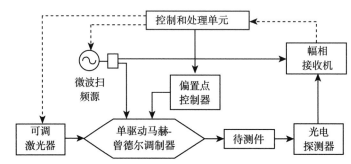

图 6.11　基于强度调制器偏置点控制的双边带光矢量分析原理框图

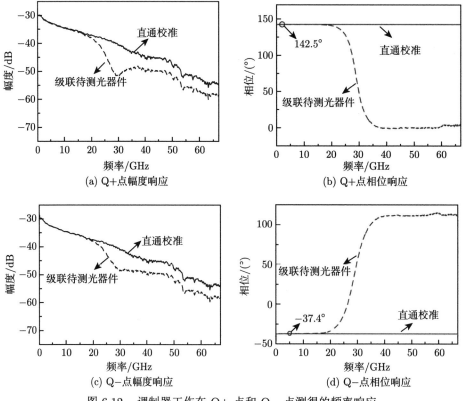

图 6.12　调制器工作在 Q+ 点和 Q− 点测得的频率响应

根据构建的复数方程组可解算得到待测光器件的频率响应，包括幅度响应和相位响应，如图 6.13 所示。从图中可以看出，该光矢量分析方法实现了频率范围为 134 GHz（约 1.072 nm）的测量，是实验中器件和设备工作带宽的两倍。微波矢量网络分析仪的最大测量点数为 60001，频率分辨率达到 1.12 MHz（134 GHz/120002）。测量结果清晰地表征了阻带响应下降沿和希尔伯特变换响应的幅度响应与相位响应，这表明该方法具有测量任意频率响应的能力。作为比较，也采用高分辨率光谱分析仪测量该待测光器件的幅度响应，结果如图 6.13(a) 黑线所示。从图中可以看出，所提光矢量分析方法测得的幅度响应与光谱仪测量结果一致。为了验证相位测量的准确性，对比了希尔伯特变换响应的相位响应和幅度响应的关系。从图中可以看出，在 1549.326 nm 附近存在 180.5° 的相移，理论计算出幅度响应中阻带深度约为 21 dB，这与图 6.13(a) 的测量结果非常吻合。

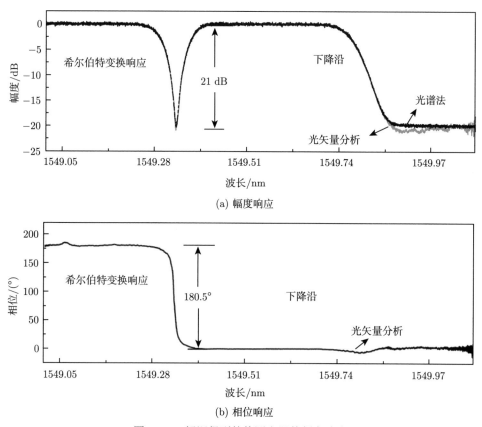

图 6.13　解调得到的待测光器件频率响应

所提方法中没有光波长相关的器件，因而可测量的波长范围仅受激光源的波长调谐范围限制。图 6.14 是中心波长为 1561.41 nm、阻带深度为 20 dB 的带通响应和中心波长为 1532.29 nm、阻带深度为 41 dB 的光希尔伯特变换响应测量结果。所提方法测得的幅度响应与高分辨率光谱仪测量结果吻合，充分表明该方法在不同波长处都具有较高的精度。拓展单次测量范围的有效方法是将不同波长处的响应拼接起来。可调谐激光器虽然可以提供一系列不同波长的载波，但是相邻载波之间频率间隔的准确度较差，会降低频率响应拼接的精度。为了避免这种恶化，可采用频率间隔固定且频率稳定性高的光频梳作为光源，实现宽带测量。

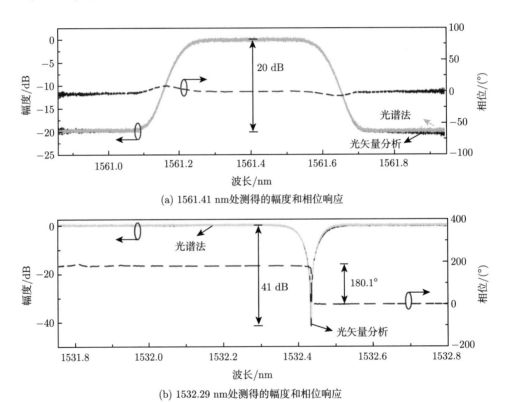

(a) 1561.41 nm处测得的幅度和相位响应

(b) 1532.29 nm处测得的幅度和相位响应

图 6.14 待测光器件在中心波长为 1561.41 nm 处和 1532.29 nm 处的频率响应

6.2.4 基于双平行调制的双边带光矢量分析

基于双平行调制的双边带光矢量分析方法采用双平行马赫-曾德尔调制器生成两种双边带扫频信号。双平行马赫-曾德尔调制器由两个子调制器 (即马赫-曾德尔调制器 1 和马赫-曾德尔调制器 2) 组成。使调制器 1 工作在最小传输点，将微波扫频信号加载在该调制器时，输出载波抑制的双边带信号；调制器 2 未受到微波信号调制，使其工作在最大传输点，此时仅输出光载波；调节双平行马赫-曾德尔调制器的偏置电压 V_3，即可在光载波上引入不同的相移 φ。这样，形成两种信号进行两次测量，可解算出待测光器件的幅度和相位响应。假设由 V_3 加载到光载波上的相移分别为 φ_1 和 φ_2 $(\varphi_1 \neq \varphi_2)$。这两次测量的光电流可以表示为

$$
\begin{bmatrix} H^* \left(\omega_{\mathrm{c}} - \omega_{\mathrm{e}} \right) \\ H \left(\omega_{\mathrm{c}} + \omega_{\mathrm{e}} \right) \end{bmatrix} = \frac{E_{\mathrm{up}} E_{\mathrm{low}}}{\eta \left(\omega_{\mathrm{e}} \right) \left| H \left(\omega_{\mathrm{c}} \right) \right|} \begin{bmatrix} \exp \left(-\mathrm{j} \varphi_1 \right) & \exp \left(\mathrm{j} \varphi_1 \right) \\ \exp \left(-\mathrm{j} \varphi_2 \right) & \exp \left(-\mathrm{j} \varphi_2 \right) \end{bmatrix}^{-1} \begin{bmatrix} i_1 \left(\omega_{\mathrm{e}} \right) \\ i_2 \left(\omega_{\mathrm{e}} \right) \end{bmatrix}
$$

$$(6.11)$$

其中，E_{up} 和 E_{low} 分别是马赫-曾德尔调制器 1 输出信号一阶调制边带的幅度和马赫-曾德尔调制器 2 光载波的幅度。

类似地，移除待测光器件测量系统的频率响应。根据测得的系统与待测光器件的联合响应和系统响应即可算出待测光器件的传输函数。

图 6.15 是基于双平行调制的双边带光矢量分析原理框图。可调谐激光器 (Optilab，TWL-C-M) 输出直流光信号，用作光载波。该激光器的线宽小于 100 kHz，24 小时波长稳定度为 2 pm，波长调谐范围覆盖 C 波段。双平行马赫-曾德尔调制器中的调制器 1 受到微波矢量网络分析仪 (HP8702 ET) 所输出微波扫频信号的调制，调制器 2 不加载任何信号。通过设置不同的偏置电压 V_3 对光载波引入两个不同的相移 (φ_1 和 φ_2)。为方便起见，在实验中选择 $\varphi_1=0$ 和 $\varphi_2 = 90°$。因此，双平行马赫-曾德尔调制器可以等效为强度调制器 ($\varphi_1=0$) 或相位调制器 ($\varphi_2=90°$)。由于偏压漂移会影响生成特定的调制，该光矢量分析方法对双平行马赫-曾德尔调制器的偏置点漂移敏感，这将影响光矢量分析的准确度。实际应用中，采用商用偏置点控制器可有效解决偏置点漂移恶化测量误差的问题。采用 3 dB 带宽约 30 GHz 的光电探测器进行光电信号转换，并用微波矢量网络分析仪采集光电流的幅度和相位信息。控制处理单元控制可调谐激光器和微波矢量网络分析仪进行数据收集与计算。

与单边带扫频光矢量分析技术相比，双边带扫频的光矢量分析方法最为显著的优势是可以简单地实现带通型待测光器件的响应测量。为了验证方案的可行性，实验将带通光滤波器作为待测光器件，分别使用单边带扫频信号和双边带扫频信号进行测量。

图 6.16 是采用基于双平行调制的双边带光矢量分析方法测得的待测光带通滤波器的幅度响应和相位响应。图 6.16(a) 和图 6.16(b) 为分别采用强度调制信号 ($\varphi_1 = 0$) 和相位调制信号 ($\varphi_2 = 90°$) 测量的待测光带通滤波器幅度响应和相位响应。为实现系统频率响应的去嵌入，移除待测光带通滤波器 (两个光端口直接相连)，采用强度调制信号和相位调制信号分别进行直通测量，得到系统的幅度响应和相位响应如图 6.16(c) 和图 6.16(d) 所示。根据式 (6.11) 对测量结果进行

计算处理，可以得到待测光带通滤波器的幅度响应和相位响应，如图 6.16(e) 和图 6.16(f) 所示。作为对比，采用光谱法测得的幅度响应在图 6.16(e) 中用虚线给出。对比两种方法的测量结果可以看出，两种方法测得的幅度响应是一致的，验证了所提方法测量结果的正确性。测量动态范围与双平行马赫-曾德尔调制器的调制系数有关，增大调制系数可提升动态范围，但会引入较大的测量误差。因此，动态范围和测量精度需要进行权衡。相比于单边带扫频光矢量分析方法的相位响应测量结果 (图 6.16(b))，采用双边带扫频光矢量分析方法测得的相位响应更准确，噪声和误差显著降低。

双边带扫频光矢量分析系统的测量带宽是光电器件带宽的两倍。实验中，对称双边带扫频光矢量分析系统的带宽主要受光电探测器带宽的限制 (30 GHz)，因此，构建的光矢量分析系统的频率测量范围为 60 GHz。

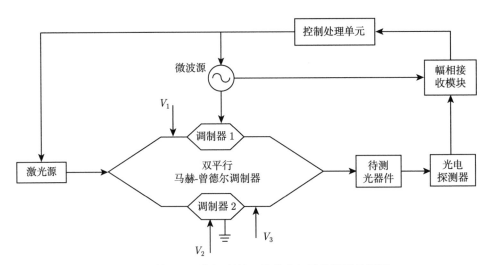

图 6.15 基于双平行调制的双边带光矢量分析原理框图

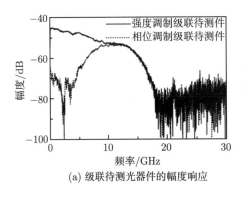

(a) 级联待测光器件的幅度响应

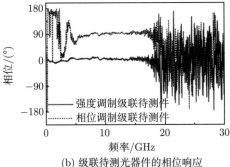

(b) 级联待测光器件的相位响应

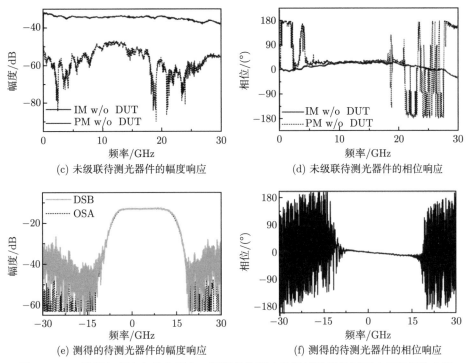

(c) 未级联待测光器件的幅度响应   (d) 未级联待测光器件的相位响应

(e) 测得的待测光器件的幅度响应   (f) 测得的待测光器件的相位响应

图 6.16 双边带扫频光矢量分析中，测得的待测光带通滤波器的幅度响应和相位响应

6.3 误差模型建立与分析

式 (6.1) 忽略了电光调制中非线性所激励出的高阶边带误差，然而，实际上双边带扫频光矢量分析中，幅相接收机接收到的光电流为

$$\frac{1}{2\pi\eta\left(\omega_{\mathrm{e}}\right)}i_T\left(\omega_{\mathrm{e}}\right)=\left[\begin{array}{cc}E_0E_{-1}^* & E_{+1}E_0^*\end{array}\right]\left[\begin{array}{c}H\left(\omega_{\mathrm{c}}\right)H^*\left(\omega_{\mathrm{c}}-\omega_{\mathrm{e}}\right)\\H^*\left(\omega_{\mathrm{c}}\right)H\left(\omega_{\mathrm{c}}+\omega_{\mathrm{e}}\right)\end{array}\right]+\Delta \quad (6.12)$$

其中，Δ 为电光调制非线性引入的误差分量，其表达式为

$$\Delta=\sum_{j\neq 0,-1}E_j^*E_{j+1}\frac{1}{2\pi\eta\left(\omega_{\mathrm{e}}\right)}H^*\left(\omega_{\mathrm{c}}-j\omega_{\mathrm{e}}\right)H\left[\omega_{\mathrm{c}}-\left(j+1\right)\omega_{\mathrm{e}}\right] \quad (6.13)$$

根据式 (6.12)，两次测量构建的解算方程式 (6.3) 可写为

$$\left[\begin{array}{c}H^*\left(\omega_{\mathrm{c}}-\omega_{\mathrm{e}}\right)\\H\left(\omega_{\mathrm{c}}+\omega_{\mathrm{e}}\right)\end{array}\right]=\frac{1}{\left|H\left(\omega_{\mathrm{c}}\right)\right|}\left[\begin{array}{cc}\left(E_0E_{-1}^*\right)_1 & \left(E_{+1}E_0^*\right)_1\\\left(E_0E_{-1}^*\right)_2 & \left(E_{+1}E_0^*\right)_2\end{array}\right]^{-1}$$

$$\cdot \left\{ \frac{1}{2\pi\eta\left(\omega_{\mathrm{e}}\right)} \begin{bmatrix} i_{T1}\left(\omega_{\mathrm{e}}\right) \\ i_{T2}\left(\omega_{\mathrm{e}}\right) \end{bmatrix} - \begin{bmatrix} \Delta_1 \\ \Delta_2 \end{bmatrix} \right\} \tag{6.14}$$

其中，Δ_1 和 Δ_2 分别为两次测量中的非线性误差分量。由式 (6.14) 可知，双边带扫频光矢量分析方法测量误差主要来自两个部分：一是光载波与一阶边带的相对幅相控制精度；二是电光调制非线性引入的测量误差。由于双边带扫频光矢量分析方法采用的幅相控制原理各有不同 (如结合相位调制、偏振态控制、偏置点控制等)，所使用的调制器类型也有区别，因而误差分析的结论不具有普适性。以 6.2.3 节基于强度调制器偏置点控制的双边带光矢量分析结构为例，分析其误差来源。其他双边带扫频光矢量分析系统的误差分析可参照本节的方法进行。

为了简化计算过程，将式 (6.14) 改写为矩阵方程

$$\frac{1}{\eta} \begin{bmatrix} i_1\left(\omega_{\mathrm{e}}\right) \\ i_2\left(\omega_{\mathrm{e}}\right) \end{bmatrix} = \left|H\left(\omega_{\mathrm{c}}\right)\right| \begin{pmatrix} A_{\mathrm{t1}}\exp\left(\mathrm{j}\varphi_1\right) & A_{\mathrm{t1}}\exp\left(-\mathrm{j}\varphi_1\right) \\ A_{\mathrm{t2}}\exp\left(\mathrm{j}\varphi_2\right) & A_{\mathrm{t2}}\exp\left(-\mathrm{j}\varphi_2\right) \end{pmatrix}$$

$$\cdot \begin{bmatrix} H^*\left(\omega_{\mathrm{c}} - \omega_{\mathrm{e}}\right) \\ H\left(\omega_{\mathrm{c}} + \omega_{\mathrm{e}}\right) \end{bmatrix} + \Delta \tag{6.15}$$

式中，A_{t1} 和 A_{t2} 分别表示两次测量中光载波和一阶边带乘积的幅值，φ_1 和 φ_2 分别表示两次测量过程中光载波和一阶边带乘积的相位，这些参数都是随频率的变化而变化的。i_1 和 i_2 分别表示两次测量中幅相接收机测得的光电流，Δ 为非线性误差项。

对于该测量系统，测量误差主要来自电光调制中的非线性、偏置点漂移两方面。此外，在不用标准件校准调制器的响应时，载波不确定度也会影响测量结果。

6.3.1　非线性误差分析

本节通过数值仿真分析式 (6.15) 中非线性误差项 (即 Δ) 对测量结果的影响。仿真中采用反射率 0.99，3 dB 带宽 2 GHz 的光纤布拉格光栅作为待测光器件，其幅度和相位响应如图 6.17 所示。

根据式 (6.15) 进行仿真，仿真参数设定 $\varphi_1 = 0$，$\varphi_2 = 90°$。通过调整加载到马赫-曾德尔调制器微波信号的功率，不断增大调制系数，使调制系数以 0.2 rad 为步长从极小向 1 rad 增长。图 6.18 是在不同调制系数情况下仿真测得的幅度响应和相位响应。从仿真结果可以看出，调制系数越大，非线性误差越大，对测量结果的影响越大。此外，待测光器件在光载波左侧虽然响应是平坦的，但是由于幅相解算使得左侧也存在非线性误差，表现为幅度响应的畸变。

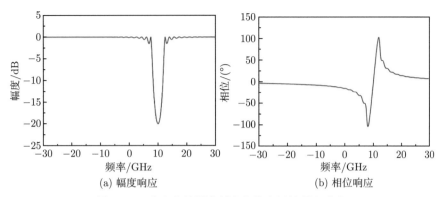

(a) 幅度响应　　　　　(b) 相位响应

图 6.17　仿真中待测光纤布拉格光栅的频率响应

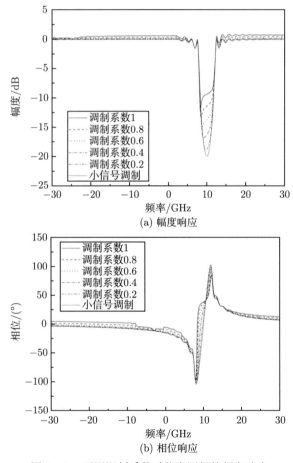

(a) 幅度响应

(b) 相位响应

图 6.18　不同调制系数时仿真测得的频率响应

6.3.2　偏置点漂移误差分析

式 (6.15) 中, 载波相位分别取为 $\varphi_1 = A_0 + A_0\exp(\mathrm{j}\theta_1)$ 和 $\varphi_2 = A_0 + A_0'\exp(\mathrm{j}\theta_2)$。实际的载波相位控制精度由调制器的偏置直流电压所控制的 θ_1 和 θ_2 决定。本节通过数值仿真分析调制器偏置点漂移对测量精度的影响。待测光器件选择 6.3.1 节使用的光纤布拉格光栅。仿真中, 假设马赫-曾德尔调制器工作在小信号情况下, 忽略电光调制非线性引入的误差。仿真参数设定为 $\theta_1 = 0$, $\theta_2 = 90°$, $A_0 = A_0' = 1$。不断改变偏置点漂移引起的载波相位变化, 使其值以 $0.2°$ 为步长从 $0°$ 变化至 $5°$。图 6.19 是不同偏置点漂移情况下仿真测得的幅度响应和相位响应。从仿真结果可以看出, 偏置点漂移得越多, 所引入的测量误差越大。

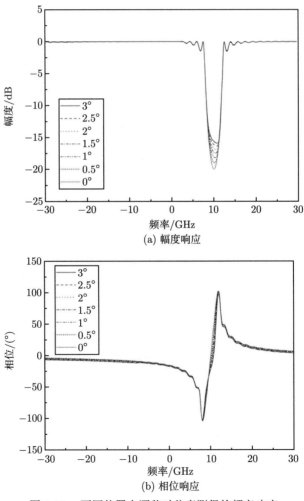

图 6.19　不同偏置点漂移时仿真测得的频率响应

6.3.3 载波不确定误差分析

载波不确定度是单边带扫频光矢量分析方法中不存在的测量误差。文献 [100] 对该测量误差进行了详细分析，并提出了消除误差的方法。由于光双边带调制的性质，无法直接得到待测光器件的响应。一般需要两次不同载波相位 φ_1 和 φ_2 两步测量得到。基于两次不同载波相位，相同载波幅度的测量，可以得到矩阵等式：

$$\begin{pmatrix} A\exp\left(-\mathrm{j}\varphi_1\right) & A\exp\left(\mathrm{j}\varphi_1\right) \\ A\exp\left(-\mathrm{j}\varphi_2\right) & A\exp\left(\mathrm{j}\varphi_2\right) \end{pmatrix} \begin{bmatrix} H\left(\omega_\mathrm{c}+\omega_\mathrm{e}\right) H^*\left(\omega_\mathrm{c}\right) \\ -H\left(\omega_\mathrm{c}\right) H^*\left(\omega_\mathrm{c}+\omega_\mathrm{e}\right) \end{bmatrix} = \frac{1}{C} \begin{bmatrix} i_1\left(\omega_\mathrm{e}\right) \\ i_2\left(\omega_\mathrm{e}\right) \end{bmatrix} - \varDelta \tag{6.16}$$

其中，$i_1(\omega)$ 和 $i_2(\omega)$ 是两次测量的光电流，$C = \eta\kappa E_0 \mathrm{J}_1(\beta)\exp(\mathrm{j}\theta)/2$ 是关于给定调制系数 β 的复常数。$\varDelta$ 是由于调制器非线性相邻高阶边带的拍频量，即

$$\varDelta = \sum_{n\neq 0,-1} \frac{\mathrm{J}_n\left(\beta\right)\mathrm{J}_{n+1}\left(\beta\right)}{\mathrm{J}_0\left(\beta\right)} H^*\left(\omega_\mathrm{c}+n\omega_\mathrm{e}\right) H\left[\omega_\mathrm{c}+(n+1)\omega_\mathrm{e}\right] \tag{6.17}$$

通过求解式 (6.16) 可以得到待测光器件在 $\omega_\mathrm{c}-\omega_\mathrm{e}$ 和 $\omega_\mathrm{c}+\omega_\mathrm{e}$ 的频率响应，可以表示为

$$H\left(\omega_\mathrm{c}+\omega_\mathrm{e}\right) = \frac{i_1\exp\left(-\mathrm{j}\phi_1\right) - i_2\exp\left(-\mathrm{j}\phi_2\right) - C\varDelta\left(\exp\left(-\mathrm{j}\phi_1\right) - \exp\left(-\mathrm{j}\phi_2\right)\right)}{C\cdot\left(\exp\left(-\mathrm{j}2\phi_1\right) - \exp\left(-\mathrm{j}2\phi_2\right)\right)\cdot AH^*\left(\omega_\mathrm{c}\right)} \tag{6.18}$$

$$H\left(\omega_\mathrm{c}-\omega_\mathrm{e}\right) = \left[\frac{i_1\exp\left(\mathrm{j}\phi_1\right) - i_2\exp\left(\mathrm{j}\phi_2\right) - C\varDelta\left(\exp\left(\mathrm{j}\phi_1\right) - \exp\left(\mathrm{j}\phi_2\right)\right)}{-C\cdot\left(\exp\left(\mathrm{j}2\phi_1\right) - \exp\left(\mathrm{j}2\phi_2\right)\right)\cdot A\cdot H\left(\omega_\mathrm{c}\right)}\right]^* \tag{6.19}$$

如果能准确地知道 φ_1 和 φ_2，那么待测光器件的频率响应可以得到。在小信号调制的情况下，$\mathrm{J}_0(\beta)$ 可以看作 1。如果 φ 的值准确，那么 φ_1 和 φ_2 可以很容易求得。然而，为了提高光矢量分析的动态范围，在很多实际应用中都需要考虑大信号调制 [25,26]。在这种情况下，$\mathrm{J}_0(\beta)$ 是调制系数 β 的函数。因此，不仅是光载波的相位，而且幅度都无法确定。例如，由于光链路分离，双平行马赫-曾德尔调制器的偏置点漂移，马赫-曾德尔调制器的啁啾或者偏振调制器两个偏振态功率不均。此前，式 (6.18) 和式 (6.19) 解算待测光器件的幅度和相位响应的前提条件是都不考虑载波不确定度的小信号调制情况。在大信号调制情况下，载波不确定度成了传统方法中新的误差来源。这个误差在单边带扫频光矢量分析方法中不存在。

该误差并不能通过使用偏置点控制器精确控制偏置点消除，这是因为偏置点控制器只能准确地控制两臂的相位差 φ。偏置点控制器通过监控调制器输出的平均功率，可以表示为

$$\bar{P}_{\text{out}} \propto |\exp(\mathrm{j}\beta\sin(\omega t + \theta)) + \exp(\mathrm{j}\varphi)| \propto 1 + \overline{\cos(\beta\sin(\omega t + \theta) - \varphi)}$$

$$= 1 + \overline{\cos(\beta\sin(\omega t + \theta))\cos\varphi} + \overline{\cos(\beta\sin(\omega t + \theta))\sin\varphi}$$

$$= 1 + B\cos\varphi \tag{6.20}$$

其中，B 是一个常数。输出功率的最大值和最小值分别是 $P_{\max}=1+B$ 和 $P_{\min} = 1-B$。如果希望调制器工作在正交点传输点，则 $P_{\text{out}} = (P_{\max} + P_{\min})/2 = 1$。根据式 (6.20)，$\varphi_{\pm} = \pm 90°$，分别是调制器正负正交传输点。

调制器的正交传输点可以采用偏置点控制器进行精确控制。尽管相位差 φ 可以准确获得，但是载波的幅度和相位依然是不确定的。

本书提出了三步测量法和准确度提高算法消除上述测量误差。通过三步测量法的结果可以得到新的矩阵方程

$$\begin{bmatrix} A\exp(-\mathrm{j}\varphi_1) & A\exp(\mathrm{j}\varphi_1) \\ A\exp(-\mathrm{j}\varphi_2) & A\exp(\mathrm{j}\varphi_2) \\ A\exp(-\mathrm{j}\varphi_3) & A\exp(\mathrm{j}\varphi_3) \end{bmatrix} \begin{bmatrix} H(\omega_{\text{c}} + \omega_{\text{e}})H^*(\omega_{\text{c}}) \\ -H(\omega_{\text{c}})H^*(\omega_{\text{c}} - \omega_{\text{e}}) \end{bmatrix} = \frac{1}{C} \begin{bmatrix} i_1(\omega_{\text{e}}) \\ i_2(\omega_{\text{e}}) \\ i_3(\omega_{\text{e}}) \end{bmatrix} - \varDelta \tag{6.21}$$

下标 $n = 1, 2, 3$ 代表第 n 次测量。待测光器件的频率响应可以通过求解式 (6.21) 得到

$$H(\omega_{\text{c}} + \omega_{\text{e}})$$

$$= \frac{(i_1 - i_3)(\exp(-\mathrm{j}\varphi_1) - \exp(-\mathrm{j}\varphi_3)) - (i_2 - i_3)(\exp(-\mathrm{j}\varphi_2) - \exp(-\mathrm{j}\varphi_3))}{C(\exp(-\mathrm{j}\varphi_1) + \exp(-\mathrm{j}\varphi_2) - 2\exp(-\mathrm{j}\varphi_3))(\exp(-\mathrm{j}\varphi_1) - \exp(-\mathrm{j}\varphi_3))H^*(\omega_{\text{c}})} \tag{6.22}$$

$$H(\omega_{\text{c}} - \omega_{\text{e}})$$

$$= \left[\frac{(i_1 - i_3)(\exp(\mathrm{j}\varphi_1) - \exp(\mathrm{j}\varphi_3)) - (i_2 - i_3)(\exp(\mathrm{j}\varphi_2) - \exp(\mathrm{j}\varphi_3))}{-C(\exp(\mathrm{j}\varphi_1) + \exp(\mathrm{j}\varphi_2) - 2\exp(\mathrm{j}\varphi_3))(\exp(\mathrm{j}\varphi_1) - \exp(\mathrm{j}\varphi_3))H(\omega_{\text{c}})}\right]^* \tag{6.23}$$

采用式 (6.22) 和式 (6.23) 解算得到的结果包括待测光器件的响应 $H_{\text{DUT}}(\omega)$ 和系统响应 $H_{\text{sys}}(\omega)$。在测量待测光器件响应之前需要把待测光器件移除，单独测量系统响应 $H_{\text{sys}}(\omega)$。结果可以表示为

$$H_{\text{sys}}(\omega_{\text{c}} + \omega_{\text{e}})$$

$$= \frac{(i_{\text{cal1}} - i_{\text{cal3}})(\exp(-\mathrm{j}\varphi_1) - \exp(-\mathrm{j}\varphi_3)) - (i_{\text{cal2}} - i_{\text{cal3}})(\exp(-\mathrm{j}\varphi_2) - \exp(-\mathrm{j}\varphi_3))}{C(\exp(-\mathrm{j}\varphi_1) + \exp(-\mathrm{j}\varphi_2) - 2\exp(-\mathrm{j}\varphi_3))(\exp(-\mathrm{j}\varphi_1) - \exp(-\mathrm{j}\varphi_3))H_{\text{sys}}^*(\omega_{\text{c}})} \tag{6.24}$$

$$H_{\text{sys}}\left(\omega_{\text{c}} - \omega_{\text{e}}\right)$$

$$= \left[\frac{\left(i_{\text{cal1}} - i_{\text{cal3}}\right)\left(\exp\left(\text{j}\varphi_1\right) - \exp\left(\text{j}\varphi_3\right)\right) - \left(i_{\text{cal2}} - i_{\text{cal3}}\right)\left(\exp\left(\text{j}\varphi_2\right) - \exp\left(\text{j}\varphi_3\right)\right)}{-C\left(\exp\left(\text{j}\varphi_1\right) + \exp\left(\text{j}\varphi_2\right) - 2\exp\left(\text{j}\varphi_3\right)\right)\left(\exp\left(\text{j}\varphi_1\right) - \exp\left(\text{j}\varphi_3\right)\right)H_{\text{sys}}\left(\omega_{\text{c}}\right)} \right]^{*} \tag{6.25}$$

其中，下标 cal 代表校准步骤的测量结果。最终，待测光器件的响应 $H_{\text{DUT}}(\omega)$ 可以通过移除系统响应得到

$$H_{\text{DUT}}\left(\omega_{\text{c}} + \omega_{\text{e}}\right)$$

$$= \frac{\begin{aligned}&\left(i_1 - i_3\right)\left(\exp\left(-\text{j}\varphi_1\right) - \exp\left(-\text{j}\varphi_3\right)\right)\\&- \left(i_2 - i_3\right)\left(\exp\left(-\text{j}\varphi_2\right) - \exp\left(-\text{j}\varphi_3\right)\right)\end{aligned}}{\begin{aligned}&\left(i_{\text{cal1}} - i_{\text{cal3}}\right)\left(\exp\left(-\text{j}\varphi_1\right) - \exp\left(-\text{j}\varphi_3\right)\right)\\&- \left(i_{\text{cal2}} - i_{\text{cal3}}\right)\left(\exp\left(-\text{j}\varphi_2\right) - \exp\left(-\text{j}\varphi_3\right)\right)H_{\text{DUT}}^{*}\left(\omega_{\text{c}}\right)\end{aligned}} \tag{6.26}$$

$$H_{\text{DUT}}\left(\omega_{\text{c}} - \omega_{\text{e}}\right)$$

$$= \left[\frac{\begin{aligned}&\left(i_1 - i_3\right)\left(\exp\left(\text{j}\varphi_1\right) - \exp\left(\text{j}\varphi_3\right)\right)\\&- \left(i_2 - i_3\right)\left(\exp\left(\text{j}\varphi_2\right) - \exp\left(\text{j}\varphi_3\right)\right)\end{aligned}}{\begin{aligned}&\left(i_{\text{cal1}} - i_{\text{cal3}}\right)\left(\exp\left(\text{j}\varphi_1\right) - \exp\left(\text{j}\varphi_3\right)\right)\\&- \left(i_{\text{cal2}} - i_{\text{cal3}}\right)\left(\exp\left(\text{j}\varphi_2\right) - \exp\left(\text{j}\varphi_3\right)\right)H_{\text{DUT}}\left(\omega_{\text{c}}\right)\end{aligned}} \right]^{*} \tag{6.27}$$

$H_{\text{DUT}}(\omega_{\text{c}})$ 是光器件在光载波处的响应，是一个可测常数，对最终结果没有影响。新算法可以通过式 (6.26) 和式 (6.27) 计算待测光器件的频率响应。从式 (6.26) 和式 (6.27) 可以看出在两步测量法中重要的光载波复幅度在本书的方法中是不需要的。光电流和两臂的相移 φ_n 都可以清楚地得到。换而言之，载波不确定度引入的测量误差可以完全消除。此外，由于非线性带来的误差式 (6.17) 也可以被消除。因而，可以通过三步测量法和准确度提高算法准确获得待测光器件的频率响应。

实验验证了载波不确定度消除的光矢量分析技术。可调谐激光器 (Optilab, TWL-C-M) 用于产生的光载波，其线宽小于 100 kHz，24 小时波长稳定度为 2 pm，波长可调谐范围为 C 波段。40 GHz 微波矢量网络分析仪 (R&S ZVA40) 输出微波扫频信号，双驱动马赫-曾德尔调制器 (Fujitsu, FTM7937EZ) 调制。偏置点反馈控制器 (Mini-MBC-3) 用于准确控制调制器的偏置点。光信号由带宽为 40 GHz 的光电探测器 (Optilab, LR-40) 转换为光电流。微波矢量网络分析仪接收并提取光电流的幅度和相位信息。使用 LabVIEW 程序当作控制处理单元，控制仪器、采集数据等，实现自动化测量。

实验将带宽 240 pm (约 30 GHz@1550 nm) 的带通滤波器用作待测光器件，可

调谐激光器的频率设为 1551.074 nm。采用提出的三步测量法测量待测光器件的频率响应。三次测量中，使用偏置点控制器将双驱动马赫-曾德尔调制器分别工作在三个偏置点：① 正正交传输点 (Quad+, $\varphi_1 = 90°$)；② 负正交传输点 (Quad−, $\varphi_2 = 90°$)；③ 最小传输点 (Null, $\varphi_3 = 180°$)。

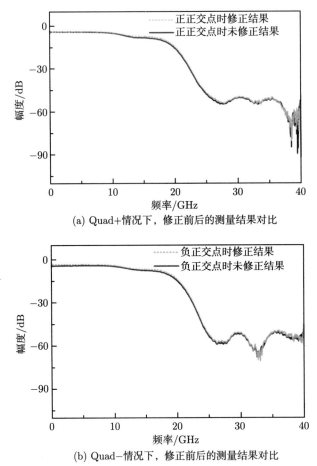

(a) Quad+情况下，修正前后的测量结果对比

(b) Quad−情况下，修正前后的测量结果对比

图 6.20   偏置点 Quad+ 和 Quad− 情况下，修正前后的测量结果对比

采用式 (6.24) 和式 (6.25) 对测量数据进行修正。图 6.20 是在偏置点 Quad+ 和 Quad− 情况下，测量数据修正前后的测量结果对比。为清晰地观察到修正前后频率响应的区别，测试数据进行了调制器和光电探测器联合传输函数的去嵌入操作。以工作在偏置点 Quad+ 情况下的测量结果为例，15 GHz 附近修正前后的响应具有显著的区别。这是因为，待测带通滤波器的带宽为 30 GHz，当调制频率为 15 GHz 时，通带内仅有一个一阶边带。30 GHz、45 GHz 和 60 GHz 的谐波

分量都被待测光器件滤除。因此，测量结果不含非线性误差。此时，修正前后的偏差只来源于载波不确定度。这个差值可以解释如下。

光电流可以表示为

$$i_1 = C \left[\mathrm{J}_0 \left(\beta \right) + \exp \left(\mathrm{j} \frac{\pi}{2} \right) \right] H \left(\omega_\mathrm{c} \right) H^* \left(\omega_\mathrm{c} - \omega_\mathrm{e} \right) \tag{6.28}$$

当工作在偏置点 Quad+ 时，用待测光器件修正数据 $i_1 - i_3$ 可以表示为

$$i_1 - i_3 = C \left(1 + \exp \left(\mathrm{j} \frac{\pi}{2} \right) \right) H \left(\omega_\mathrm{c} \right) H^* \left(\omega_\mathrm{c} - \omega_\mathrm{e} \right) \tag{6.29}$$

比较式 (6.28) 和式 (6.29)，可以清晰地看出

$$|i_1 - i_3| > |i_1| \tag{6.30}$$

由式 (6.30) 可知，由于载波不确定度，原始数据的幅度比修正后数据小。

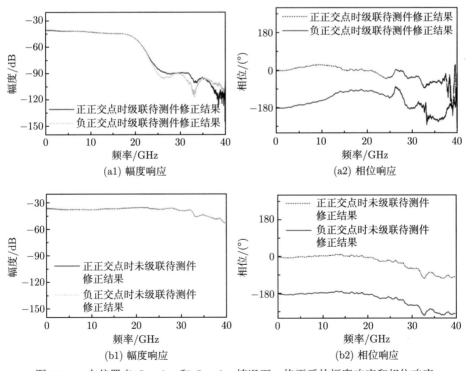

图 6.21　在偏置点 Quad+ 和 Quad− 情况下，修正后的幅度响应和相位响应

图 6.21 是偏置点分别是 Quad+ 和 Quad− 情况下，修正后的幅度响应和相位响应。图 6.21(a1) 和 (b1) 是修正后的幅度响应，图 6.21(a2) 和 (b2) 是修正后的相位响应。偏置点是 Quad+ 时，级联和未级联待测光器件的传输响应分别为 $i_1 - i_3$ 和 $i_{\text{cal1}} - i_{\text{cal3}}$；偏置点是 Quad− 时，级联和未级联待测光器件的传输响应分别为 $i_2 - i_3$ 和 $i_{\text{cal2}} - i_{\text{cal3}}$。通过解算修正后的数据，可以得到待测光器件准确的幅度响应和相位响应，如图 6.22 所示。实验中，在 80 GHz 的测量范围内有 120002 个测量频点，对应的频率分辨率为 667 kHz。作为参考，采用光谱法测得的结果在图 6.22(a) 给出，两次测量法的测量结果用灰色虚线在图 6.22 给出。通过三种测量方法的测量结果对比，可以看出两次测量法的测量结果存在显著的误差。当阻带深度小于 25 dB 时，采用载波不确定度抑制方法测得的幅度响应与光谱仪测得的结果相一致。当阻带深度大于 25 dB 时，载波不确定度抑制方法测得

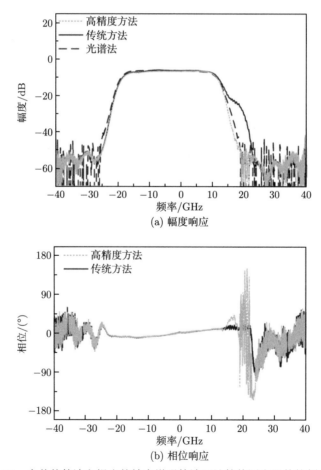

(a) 幅度响应

(b) 相位响应

图 6.22　在传统算法和提出的精度增强算法下计算待测光器件的频率响应

的通带边沿的斜率为 800 dB/nm，与该商用光滤波器参数表中的参数一致；而受限于分辨率带宽，光谱仪测得的斜率为 560 dB/nm。对于待测光器件的相位响应，由于光谱仪不能测量相位，仅给出了修正前后测量响应解算得到的相位响应，如图 6.22(b) 所示。幅度响应具有显著差别的频率处，相位响应测量结果的差别也十分明显。提出的方法同时消除调制器非线性和光载波不确定度导致的测量误差，因而无法分离两种误差，分别分析对测量精度的影响。

在基于平衡双边带扫频的光矢量分析方法中，若不能准确知道光载波的功率和相位，会存在载波不确定度误差。然而，提出的载波不确定误差消除方法对基于平衡双边带扫频的光矢量分析方法不是通用的。

6.4　本 章 小 结

本章介绍了双边带扫频光矢量分析技术，分别为非平衡双边带扫频光矢量分析技术和双边带扫频光矢量分析方法。对两种光矢量分析方法均建立了数学解析模型。介绍了三种典型的双边带扫频光矢量分析系统并有针对性地建立了误差解析模型，通过解析分析、数值仿真和实验验证相结合的方式，深入分析研究了非线性误差、偏置点漂移误差、载波不确定度误差对测量精度的影响。

第 7 章　面向特定应用的光矢量分析技术

本章将介绍具备时域分析功能的高分辨率光矢量分析技术 [100] 和基于线性调频的超快光矢量分析技术 [101]，前者可用于光链路中光器件的在线诊断，后者使用线性调频波和去斜处理替代原有的步进式扫描与逐点幅相提取，极大地提升了测量速度。此外，本章还将介绍基于光矢量分析的快速高精度光时延测量方法 [102]。

7.1　时域光矢量分析

当链路中有多个光器件时，由于光探测信号进入各个器件的时间是不同的，理论上有可能通过时域分析将各个器件的响应分开，从而实现多个光器件响应的测量。这就使得光矢量分析系统具备时域分析 (time domain analysis, TDA) 功能，从而有效解决光链路的在线诊断难题。但由于激光光源一般相干长度较大，这样的技术即使可行，其空间分辨率也会很差。因此，可以采用宽谱电信号对单频光载波进行频率调制，降低光载波的相干性，然后形成测量支路和参考支路，利用参考支路消除低相干光载波的影响。这样，当测量支路中级联了多个待测光器件时，可对测量的联合频率响应进行傅里叶逆变换，获得可区分不同光器件的脉冲响应，采用时域选通和傅里叶变换即可分别提取出光链路中光器件的频率响应。本节主要以单边带扫频光矢量分析为例介绍时域分析的原理，但该方法适用于所有的微波光子扫频光矢量分析系统。

7.1.1　时域光矢量分析原理

图 7.1 是时域光矢量分析技术的原理框图。可调谐激光器生成单频连续光信号，送入声光调制器；在声光调制器中，光信号受到任意波形发生器 (AWG) 产生的宽谱电信号调制，生成角频率为 ω_c 的低相干光载波信号；光单边带调制器采用微波源输出的微波信号对低相干光载波信号进行调制，输出低相干的光单边带信号，然后由掺铒光纤放大器进行放大并被分为两部分。一部分用作探测信号输送至测量支路，经光环行器进入待测光器件。其表达式为

$$E_\mathrm{SSB}\left(t\right) = E_{-1} \exp\left[\mathrm{i}\left(\omega_\mathrm{c} - \omega_\mathrm{e}\right)t + \mathrm{i}\varphi\left(t\right)\right] + E_0 \exp\left[\mathrm{i}\omega_\mathrm{c} t + \mathrm{i}\varphi\left(t\right)\right] \tag{7.1}$$

其中，ω_e 是微波信号的频率，E_{-1} 和 E_0 分别是 -1 阶边带和光载波的复振幅。

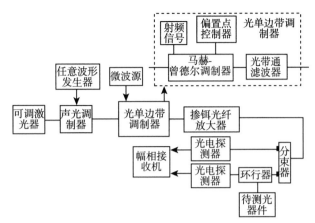

图 7.1 时域光矢量分析技术原理框图

待测光器件根据自身频率响应反射探测光信号,因而反射光信号携带有待测光器件的反射频率响应。其表达式可写为

$$E(t) = E_{-1}H(\omega_c - \omega_e)\exp[i(\omega_c - \omega_e)t + i\varphi(t)]$$
$$+ E_0 H(\omega_c)\exp[i\omega_c t + i\varphi(t)] \tag{7.2}$$

其中,$H(\omega)$ 是待测光器件与测量系统的联合频率响应。

光电探测器接收该光信号并将其转换为光电流,其电场表达式为

$$i(\omega_e) = \eta E_0 H(\omega_c) \cdot E_{-1}^* H^*(\omega_c - \omega_e) \tag{7.3}$$

其中,η 是测量支路中光电探测器的响应度。

光单边带信号的另一部分通过参考支路之后,被光电探测器转换为参考光电流。多通道幅相接收机以参考支路光电流的幅度和相位作为参考,消除系统的共模信号分量,从而精确提取测量支路光电流的幅度和相位信息,获得待测器件与测量系统的联合频率响应

$$H(\omega_c - \omega_e) = \left(\frac{i(\omega_e)}{\eta E_0 H(\omega_c) \cdot E_{-1}^*}\right)^* \tag{7.4}$$

为消除测量系统自身的频率响应,需要进行系统校准,即将反射镜连接到光环行器的待测光器件连接口,获得测量系统的频率响应而后进行去嵌入。反射镜的末端具有受保护的银色镜面涂层,并且反射系数是已知的。其表达式为

$$H_{\text{sys}}(\omega_c - \omega_e) = \left(\frac{i_{\text{sys}}(\omega_e)}{\eta E_0 H_{\text{sys}}(\omega_c) \cdot E_{-1}^*}\right)^* \tag{7.5}$$

根据式 (7.4) 和式 (7.5)，可获得待测光器件的频率响应

$$
\begin{aligned}
H_{\mathrm{DUT}}\left(\omega_{\mathrm{c}}-\omega_{\mathrm{e}}\right) &= \frac{H\left(\omega_{\mathrm{c}}-\omega_{\mathrm{e}}\right)}{H_{\mathrm{sys}}\left(\omega_{\mathrm{c}}-\omega_{\mathrm{e}}\right)} \\
&= \left(\frac{i\left(\omega_{\mathrm{e}}\right)}{i_{\mathrm{sys}}\left(\omega_{\mathrm{e}}\right) H_{\mathrm{DUT}}\left(\omega_{\mathrm{c}}\right)}\right)^{*}
\end{aligned}
\tag{7.6}
$$

其中，$H_{\mathrm{DUT}}(\omega_{\mathrm{c}})$ 是待测光器件在光载波处的响应，是一个可测常数。

对测得的光器件传输函数 $H_{\mathrm{DUT}}(\omega)$ 进行傅里叶逆变换，可在时域中获得待测光器件的脉冲响应。当测量支路中有多个光器件时，将各个脉冲响应在时域分割开，然后分别进行傅里叶变换，获取各光器件的频率响应。该方法适用于所有微波光子扫频光矢量分析系统。

7.1.2　时域光矢量分析实验验证

基于图 7.1 所示的原理框图构建了测量系统，进行了实验验证。实验中，可调谐激光源 (TeraXion PS-TNL) 输出的光载波送入声光调制器 (Gooch & Housego T-M200-0.1C2J-3-F2P，最大频移量为 200 MHz)。该调制器由带宽为 500 MHz 的任意波形发生器 (N8241A) 驱动，从而输出低相干光载波。光单边带调制器由调制速率为 40 Gbit/s 的马赫-曾德尔调制器 (Fujitsu FTM7938EZ) 和可编程光学滤波器 (Finisar WaveShaper 4000s) 组成。两个光电探测器 (Finisar XPDV2120RA) 的 3 dB 带宽为 50 GHz。四端口矢量网络分析仪 (R&S ZVA67) 用作微波扫频源和幅相接收机。光信号的光谱由高分辨率光谱分析仪 (APEX AP2040D) 以 5 MHz 的频率分辨率测量。待测光器件由反射镜、氰化氢 ($\mathrm{H^{13}C^{14}N}$) 气室和乙炔 ($\mathrm{^{12}C_2H_2}$) 气室组成。其中，Wavelength References 公司生产的 $\mathrm{H^{13}C^{14}N}$ 气室 (HCN-13-H(16.5)-25-FCAPC) 和 $\mathrm{^{12}C_2H_2}$ 气室 (C2H2-12-H(3)-400-FCAPC)，气压分别为 25 Torr (1 Torr = 1 mmHg = 133.322 Pa) 和 400 Torr。此外，在单向传输的情况下，$\mathrm{H^{13}C^{14}N}$ 气室的典型吸收线深度为 3.2 dB (R8)，典型线宽为 16 pm (R8)；$\mathrm{^{12}C_2H_2}$ 气室的典型吸收线深度为 8 dB (P9)，典型线宽为 40 pm (P9)。

图 7.2 是掺铒光纤放大器输出的低相干光单边带信号光谱图。由于声光调制器的带宽较窄，低相干光载波的半高全宽 (FWHM) 约为 67.2 MHz (如图 7.2 插图所示)，小于任意波形发生器输出电信号的带宽 (100 MHz)。从图中还可看出，−1 阶扫频边带功率高于噪底约 31.1 dB，而 +1 阶镜像边带已低于噪底，得到了较好的抑制，高阶边带也低于噪底。由于单边带扫频光矢量分析的测量误差主要是镜像边带误差和非线性误差，上述接近理想的单边带信号可确保系统的测量精度。

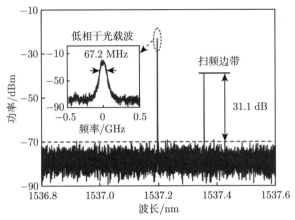

图 7.2 低相干光单边带信号光谱图

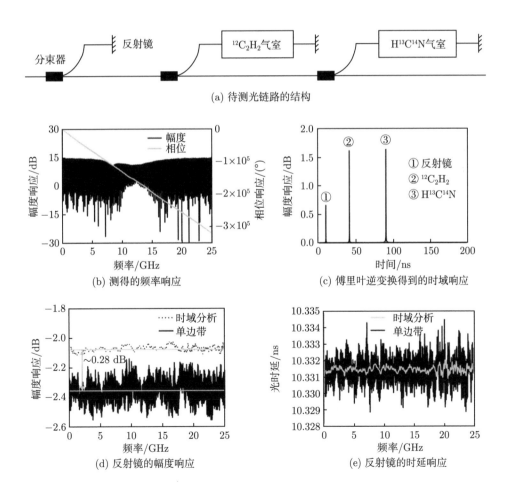

(a) 待测光链路的结构

(b) 测得的频率响应

(c) 傅里叶逆变换得到的时域响应

(d) 反射镜的幅度响应

(e) 反射镜的时延响应

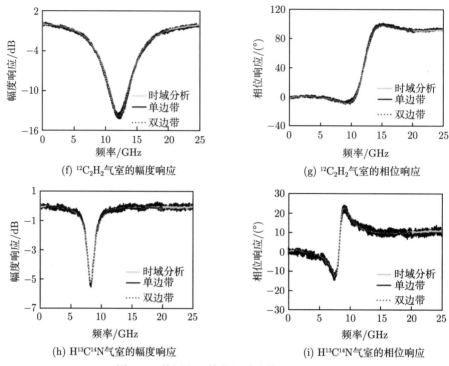

(f) $^{12}C_2H_2$气室的幅度响应

(g) $^{12}C_2H_2$气室的相位响应

(h) $H^{13}C^{14}N$气室的幅度响应

(i) $H^{13}C^{14}N$气室的相位响应

图 7.3　待测光器件的级联结构和测量结果

　　图 7.3 是待测光器件的级联结构和测量结果。如图 7.3(a) 所示，反射镜、$^{12}C_2H_2$ 气室和 $H^{13}C^{14}N$ 气室通过光分路器以一定间隔连接到主光纤用作待测光器件。每个气室都装有一个反射器，以使气室的吸收路径加倍并反射探测信号。由于使用了低相干光载波，因此在光纤链路的测量中，可以不受多路径光干涉的影响。图 7.3 (b) 是所测得的幅度响应和相位响应。受马赫-曾德尔调制器带宽的限制，频率测量范围为 25 GHz。频率分辨率设置为 5 MHz。通过傅里叶逆变换，可以获得相应的时域响应，如图 7.3 (c) 所示。三个待测器件的脉冲响应可清晰区分，最小脉冲间隔为 30.84 ns。因此，时域分辨率优于 30.84 ns。分别采用三个不同的汉明窗提取三个脉冲，并采用傅里叶变换将每个脉冲转换成频率响应。窗口宽度必须足够宽以包含脉冲的所有信息，但又必须足够窄以消除其他无关的响应。图 7.3 (d)~(i) 是各待测光器件的频率响应，与单边带扫频光矢量分析方法和非对称双边带扫频光矢量分析方法的测量结果非常吻合。需要说明的是，图 7.3 (d) 中 0.28 dB 幅度差是两次测量之间的法兰连接差异引入的，主要为了在图中区分两条曲线。

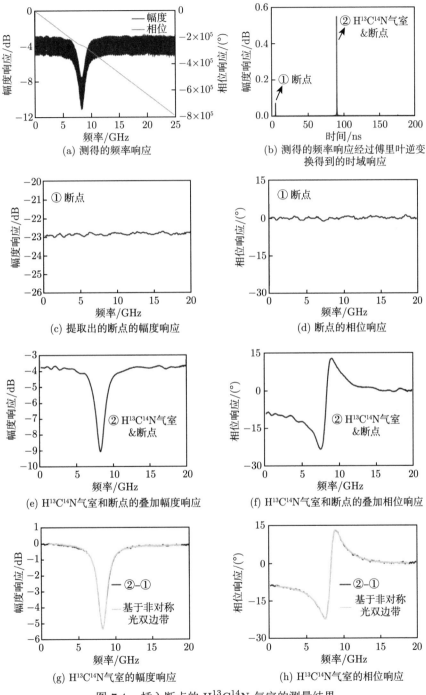

图 7.4 插入断点的 $H^{13}C^{14}N$ 气室的测量结果

　　测量图 7.3 (a) 中级联光器件链路时，若不使用低相干光载波，那么单边带扫频光矢量分析方法和非对称双边带扫频光矢量分析都存在多径效应，导致测量结果存在无规律波动，从而无法获取待测链路中各光器件的频率响应。因此，在对照实验中，使用传统的单边带扫频光矢量分析方法进行测量时，每次测量只有一个待测光器件连接到主光纤。尽管如此，单边带扫频光矢量分析方法仍然受到分束器尾纤菲涅耳反射引起的干涉噪声的影响。从图 7.3 (d)~(i) 可以看出，其测得的响应曲线迹线噪声明显大于所提出的时域分析方法测得的曲线。为了评估所提出方法的精度，通过高精度的非对称双边带扫频光矢量分析方法分别对未放置在光纤链路中的两个气室进行了测量。其测得的响应曲线迹线噪声和时域分析方法处于同一水平，如图 7.3 (f)~(i) 所示。这表明，所提出的时域分析方法在测量复杂光纤链路时具有较高的精度。另外，图 7.3 (e) 显示了亚皮秒级的时延测量精度，可用于准确定位光纤链路中反射点的位置。

　　本方法由于具有时域分辨能力，当待测器件与测量系统存在接口不匹配时，仍然可以获取待测器件的精准响应。该特性有望解决芯片在线测试面临的不理想耦合问题。为验证该特性，实验测量了带有连接断点的 $H^{13}C^{14}N$ 气室。该气室通过可调节衰减法兰连接到环行器，从而获得具有空气间隙的断点。测量结果如图 7.4 所示。由于断点和 $H^{13}C^{14}N$ 气室串联，因而从图 7.4 (b) 的第二个脉冲提取的频率响应是两者的叠加，从图 7.4 (c)~(f) 可以看出。为了获得 $H^{13}C^{14}N$ 气室真实的频率响应，将图 7.4 (e) 和 (f) 所示的数据分别减去图 7.4 (c) 和 (d) 所示的数据来消除断点的响应。消除断点影响的结果如图 7.4 (g) 和 (h) 所示，与非对称双边带扫频光矢量分析仪在无断点的情况下测得的幅度响应十分吻合，且相位响应误差也在同一水平。因此，所提出的时域分析方法可以在线评估待测光器件的响应，即使该器件与系统的连接具有瑕疵。

7.1.3　性能分析

　　根据傅里叶逆变换特性，扫频范围为 25 GHz，对应的时域分辨率为 40 ps = 1/25 GHz。低相干光载波的相干时间可以由半高全宽计算得到，即 4.737 ns = $1/\pi/67.2$ MHz，远大于时域分辨率 40 ps。若两个待测光器件间的传输时延小于相干时间，那么反射信号彼此将在光域中进行叠加，形成相干噪声，恶化测量结果。因而，时域分析方法的时域分辨率取决于载波的相干时间，在本实验系统中该值为 4.737 ns。此外，时域分析方法的无模糊距离 (non-ambiguity range, NAR) 由扫频步进 Δf 确定，即 NAR $= 1/\Delta f$。如图 7.3(c) 所示，本实验系统的无模糊距离为 200 ns。提升频率的调谐精细度可以进一步提升无模糊范围。得益于微波矢量网络分析仪的超高的频率分辨率 (通常可达 1 Hz)，理论上的无模糊范围可以达到 1 s。尽管扫频边带可以以 1 Hz 的高精细频率扫描，但光谱分辨率还是决定于光源线宽。实验中，有效频率分辨率为 67.2 MHz。因此，时域分辨率和无模糊距离是相互制约的，低相干的光载波可提升时域分辨率，但会恶化无模糊距离。

7.2 超快光矢量分析

传统的微波光子扫频光矢量分析技术采用步进式的频率调谐，测量速度较慢。本节将介绍基于线性调频波和去斜处理的超快光矢量分析方法。首先利用载波抑制的光单边带调制器将微波线性调频信号调制到光载波上，生成光线性调频信号；然后将该信号分为两部分，一部分用作参考光输入参考光路，另一部分用作探测光，经待测光器件后携带上其幅度响应和相位响应信息；然后，采用由 2×2 光耦合器和平衡光电探测器组成的相干探测模块接收参考光信号和探测光信号，去斜处理生成低频电信号；最后，经 ADC 转换后，采用数字信号处理提取出待测光器件的频率响应。

7.2.1 超快光矢量分析原理

图 7.5 是基于线性调频波和去斜处理的超快光矢量分析原理框图。在抑制载波光单边带调制器中，可调谐激光器产生的光载波受到信号发生器产生的微波线性调频信号调制，生成光线性调频信号。所产生的光线性调频信号可写为

$$E_{\text{LFM}}(t) = E_{\text{c}} \exp\left[\mathrm{i}\left(\omega_{\text{c}}t + \pi\gamma t^2\right)\right], \quad 0 \leqslant t \leqslant T \tag{7.7}$$

其中，E_{c} 是复振幅，ω_{c} 是光载波的角频率，γ 是线性调频信号的啁啾率，T 是脉冲宽度。

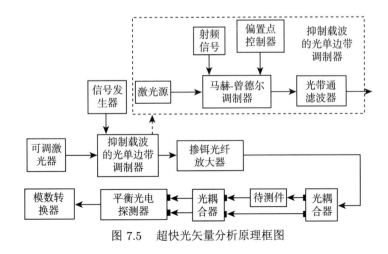

图 7.5 超快光矢量分析原理框图

因此，线性调频光信号的瞬时频率可表示为

$$\omega\left(t\right) = \omega_c + 2\pi\gamma t \tag{7.8}$$

该信号被分为两部分。一部分输至测量支路，经待测光器件传输后，光线性调频信号的瞬时频率可以由下式给出：

$$\omega_d\left(t\right) = \omega_c + 2\pi\gamma\left\{t - \tau_1 - \text{GD}\left[\omega_d\left(t\right)\right]\right\} \tag{7.9}$$

其中，τ_1 是测量支路的传输时延，$\text{GD}(\omega)$ 是待测器件的群时延响应。因此，经待测光器件传输后的光线性调频信号可以表示为

$$E_d\left(t\right) = E_d A\left[\omega_d\left(t\right)\right]\exp\left[\text{i}\int\omega_d\left(t\right)\text{d}t\right] \tag{7.10}$$

其中，E_d 是光信号的复振幅，$A(\omega)$ 是待测器件的幅度响应，$\tau_1 + \text{GD}(\omega_c) \leqslant t \leqslant \tau_1 + T + \text{GD}(\omega_c + 2\pi kT)$。

通常，$\text{GD}(\omega)$ 可以写成 $\text{GD}(\omega) = \tau_d + \text{gd}(\omega)$，其中 τ_d 是常数，而 $\text{gd}(\omega)$ 是随频率变化的量。那么根据式 (7.9)，可以得到 ω_d 的微分

$$\text{d}\omega_d = 2\pi\gamma \cdot \text{d}t - 2\pi\gamma \cdot \text{d}\left[\text{gd}\left(\omega_d\right)\right] \tag{7.11}$$

将其乘以 $\text{gd}(\omega)$ 并进行积分，式 (7.11) 可以化简为

$$\theta\left[\omega_d\left(t\right)\right] = \int 2\pi\gamma \cdot \text{gd}\left[\omega_d\left(t\right)\right] \cdot \text{d}t - \pi\gamma \cdot \text{gd}^2\left[\omega_d\left(t\right)\right] \tag{7.12}$$

其中，$\theta(\omega)$ 是相位响应的非线性项。由于光器件的群时延随频率变化极少超过 1 ns，系统中线性调频信号的啁啾率 γ 一般设在 1600 THz/s 以内。若 $\text{gd}(\omega)$ 的绝对值小于 1 ns，那么 $\pi\gamma \cdot \text{gd}^2(\omega)$ 不超过 0.00503 rad，非常小，可忽略。由此，根据式 (7.9) 和式 (7.12)，对式 (7.10) 进行化简，得到经待测器件传输后的线性调频光信号，其表达式为

$$E_d\left(t\right) = E_d A\left[\omega_d\left(t\right)\right]\exp\left\{-\text{j}\theta\left[\omega_d\left(t\right)\right]\right\}$$
$$\cdot \exp\left\{\text{i}\left[\omega_c\left(t - \tau_1 - \tau_d\right) + \pi\gamma\left(t - \tau_1 - \tau_d\right)^2\right]\right\} \tag{7.13}$$

此外，另一部分光线性调频信号用作参考信号，经参考支路的光纤传输后，可以写为

$$E_r\left(t\right) = E_r\exp\left\{\text{i}\left[\omega_c\left(t - \tau_0\right) + \pi\gamma\left(t - \tau_0\right)^2\right]\right\} \tag{7.14}$$

其中, E_r 是参考信号的复振幅, τ_0 是参考支路的延迟, $\tau_0 \leqslant t \leqslant \tau_0 + T$。在光相干接收模块中, 光耦合器将两个光信号耦合后分成两路, 输至平衡光电探测器。经平衡光电转换, 输出携带待测光器件频率响应信息的光电流, 即

$$
\begin{aligned}
i_{\mathrm{BPD}}(t) &= \eta_1 \left| E_d(t) + iE_r(t) \right|^2 - \eta_2 \left| iE_d(t) + E_r(t) \right|^2 \\
&= (\eta_1 - \eta_2) \left(\left| E_d(t) \right|^2 + \left| E_r(t) \right|^2 \right) \\
&\quad + 2(\eta_1 + \eta_2) \operatorname{Re}\left[iE_d(t) E_r^*(t) \right]
\end{aligned} \tag{7.15}
$$

其中, η_1 和 η_2 分别是平衡光电探测器中两个光电探测器的响应度。由于模数转换器 (ADC) 仅采集光电流的交流项, 因此采集到的光电流为

$$
i_{\mathrm{ADC}}(t) = 2(\eta_1 + \eta_2) \operatorname{Re}\left[iE_d(t) E_r^*(t) \right] \tag{7.16}
$$

为消除测量系统响应, 需进行直通校准。此时, 经测量支路传输后的信号可以写为

$$
E_s(t) = E_d \exp \left\{ i \left[\omega_c(t - \tau_1) + \pi\gamma(t - \tau_1)^2 \right] \right\} \tag{7.17}
$$

这样就可以获得测量系统的频率响应

$$
i_{\mathrm{sys}}(t) = 2(\eta_1 + \eta_2) \operatorname{Re}\left[iE_s(t) E_r^*(t) \right] \tag{7.18}
$$

根据式 (7.16) 和式 (7.18), 可以解算出待测器件的幅度响应和相位响应

$$
\begin{aligned}
H_{\mathrm{DUT}}(\omega_d) &= \frac{i_{\mathrm{ADC}} + i \cdot \hat{i}_{\mathrm{ADC}}}{i_{\mathrm{sys}} + i \cdot \hat{i}_{\mathrm{sys}}} \\
&= A(\omega_d) \exp \left\{ -i \cdot \left[\omega_d \tau_d + \theta(\omega_d) + C \right] \right\}
\end{aligned} \tag{7.19}
$$

其中, C 是常数, $\hat{i}_{\mathrm{ADC}}$ 与 $\hat{i}_{\mathrm{sys}}$ 分别是 i_{ADC} 与 i_{sys} 的希尔伯特变换。

7.2.2 测量光滤波器的验证实验

基于图 7.5 所示原理框图构建了超快光矢量分析系统。可调谐激光器采用的是 N7714A, 其线宽小于 100 kHz。抑制载波的光单边带调制器由马赫-曾德尔调制器 (MXAN-LN-40-PD-PP-FA-FA)、可调谐光带通滤波器 (XTA-50 Ultrafine) 和偏置点控制器组成。微波线性调频信号由带宽为 26 GHz 的任意波形发生器 (M9502A) 产生, 啁啾率为 1600 THz/s, 脉冲宽度为 10 μs, 起始频率和终止频率分别为 10 GHz 和 26 GHz。掺铒光纤放大器采用 Amonics 公司的 AEDFA-35-B-FA。平衡放大光电探测器 (THORLABS PDB450C-AC) 的 3 dB 带宽为 150 MHz。

光电流采用 Agilent 实时示波器 DSOX92504A 采样，采样率设置为 1 GS/s。此外，待测光器件是由 TeraXion 公司生产的 3 dB 带宽为 2.1 GHz 的窄带可调谐光滤波器 (TFN-1550.12-N2-IL6-20-C1P-C)。

图 7.6 是微波线性扫频信号的频率固定在 10 GHz 时，抑制载波的光单边带信号光谱图 (横河公司光谱分析仪测得，波长分辨率为 0.02 nm)。从图中可以看出，由于马赫-曾德尔调制器的非线性和有限的消光比，获得的载波抑制光单边带信号中存在高阶边带，比所需的 −1 阶边带低 20 dB。测量信号和参考信号高阶边带拍频产生的光电流分量比所需 −1 阶边带拍频产生的光电流分量低 40 dB。此外，两个信号 −1 阶边带的拍频分量是基频，而高阶边带的拍频分量是高次谐波，在频域中可区分，因而可在信号处理阶段采用数字滤波对高阶边带产生的分量进行抑制，所以测量结果不受高阶边带影响。

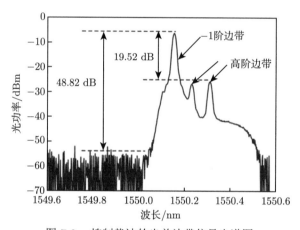

图 7.6　抑制载波的光单边带信号光谱图

测量误差主要来源于 +1 阶镜像边带，这是因为两个光信号中 +1 阶镜像边带拍频分量的频率与 −1 阶边带拍频分量是相同的。要实现高精度测量，需抑制 +1 阶镜像边带，提升边带抑制比。由于实验中光带通滤波器下降沿斜率较大 (典型值为 800 dB/nm)，+1 阶边带得到了很好的抑制。载波抑制光单边带信号的边带抑制比达到 48.82 dB，如图 7.6 所示。这表明所需的 −1 阶边带的拍频分量比误差分量大 97.64 dB。因此，该光矢量分析系统具有极高的测量精度。

图 7.7 是测得的窄带光滤波器的幅度响应、相位响应和时延响应。实验中，采用 APEX 公司的高分辨率光谱仪 (AP2040D) 和非对称双边带扫频光矢量分析方法进行了测量，测量结果作为对比。从图中可以看出，三种方法测得的幅度响应完全重合，具有相同的起伏。受益于数字带通滤波器，所需基频信号的信噪比得到了提高，因而超快光矢量分析系统测得的幅度响应随机波动较小。此外，超快

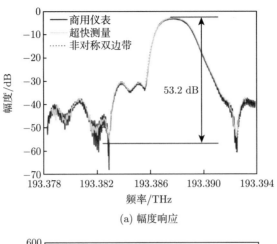

(a) 幅度响应

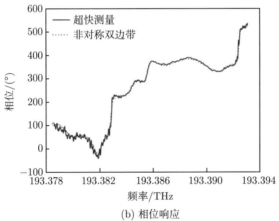

(b) 相位响应

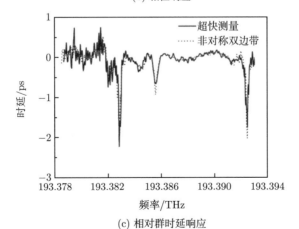

(c) 相对群时延响应

图 7.7 光滤波器频率响应的测量结果

光矢量分析系统测得的光滤波器的通带阻带抑制比达到了 53.2 dB。如图 7.7 (b) 所示，超快光矢量分析系统测得的相位响应与非对称双边带扫频光矢量分析方法测得的相位响应吻合较好，但前者测得的相位响应波动要稍大。根据图 7.7 (b) 所示的相位响应计算出的时延响应如图 7.7 (c) 所示。计算时延用的频率孔径为 200 MHz。从图中可以看出，超快光矢量分析系统测得的时延响应与非对称双边带扫频光矢量分析方法的测量结果是一致的。尽管超快光矢量分析系统测得的相位误差相对较大，但计算得到的时延波动也能达到亚皮秒量级。受限于测量支路和参考支路间的延时差，实际的测量范围为 14.6 GHz，小于微波线性调频信号的频率范围 16 GHz。

7.2.3   性能分析

由图 7.7(b) 可以看出，超快光矢量分析系统测得的相位响应具有明显的波动。这是因为实际的激光源必然具有相位噪声，即光学相位波动。去斜处理会将光源的相位波动转移到光电流中，影响相位测量的精度，本小节将对此进行分析。

激光源的相位波动在频域上表现为线宽。根据调频连续波干涉模型，线宽为 $\Delta\nu$ 的光源在一段时间 τ 的相位变化 $\Delta\phi_\tau$ 满足高斯分布，其概率密度函数为

$$f\left(\Delta\phi_\tau\right) = \frac{1}{2\pi\sqrt{\Delta\nu\cdot\tau}}\exp\left(-\frac{\left(\Delta\phi_\tau\right)^2}{4\pi\cdot\Delta\nu\cdot\tau}\right) \tag{7.20}$$

实验采用的激光源标称线宽 <100 kHz，实测值约为 70 kHz。考虑到测量支路与参考支路之间的时延差约为 43.75 ns。由此，可以得到 $\Delta\phi_\tau$ 的均方差约为 7.95°，概率密度函数图如图 7.8 所示。如果采用更窄线宽的激光源，如 TeraXion 公司的 PS-NLL 系列激光器，其线宽一般小于 5 kHz，可以大大减小相位波动。

此外，由于线性调频信号的脉冲宽度较窄，单次测量时间仅需 10 μs，因此超快光矢量分析系统可以用于振动传感等需要快速测量的应用。在如此短的测量时间内，该测量系统仍然可以获得 1.6 MHz 的频率分辨率，即 16 GHz/(1 GS/s×10 μs)。为确保频率响应测量的准确性，采样间隔要小于待测光器件的时延变化率。因此，超快光矢量分析系统的频率采样分辨率取决于微波线性调频信号的调频斜率和待测器件的最大群时延变化，可以写为

$$f_{\text{resolution}} \geqslant \frac{f_{\text{range}}}{\dfrac{1}{\max\left[\text{gd}\left(\omega\right)\right]}\cdot\dfrac{f_{\text{range}}}{\gamma}} = \gamma\cdot\max\left[\text{gd}\left(\omega\right)\right] \tag{7.21}$$

从上述实验验证和性能分析可知，基于线性调频和去斜处理的超快光矢量分析方法具有超快的测量速度和超高的频率分辨率。在极短时间内成功获得了窄带

光滤波器的幅度响应、相位响应和相对群时延响应，其单次测量时间为 10 μs，频率采样分辨率为 1.6 MHz，测量范围为 14.6 GHz，群时延波动小于 1 ps。

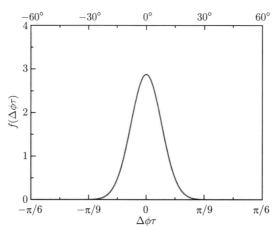

图 7.8　相位波动的概率密度函数图

7.3　快速高精度光时延测量

在信号的产生、传输和处理过程中，时延是一项非常重要的基础参量。随着光电子信息系统的快速发展，对光器件和光链路的时延进行高精度测量已经成为光通信、光传感和国防等领域的高性能光电子信息系统研制、生产、应用、维护的关键。微波光子扫频光矢量分析技术由于其超高的频率分辨率和相位测量精度，理论上可以实现毫秒级测量范围和亚皮秒级时延测量精度。

7.3.1　快速高精度光时延测量原理

图 7.9 是基于光矢量分析的快速高精度光时延测量技术的原理框图。激光源产生角频率为 ω_c 的光载波，输至偏置在正交传输点的马赫-曾德尔调制器；采用角频率为 ω_e 的微波信号对光载波进行调制，输出强度调制信号。其表达式可写为

$$E_p\left(t\right) = E_c\left(1 + \beta\cos\omega_e t\right)\exp\left(j\omega_c t\right) \tag{7.22}$$

其中，E_c 是幅度，β 是调制系数。

经过待测光器件传输后光信号的表达式可写为

$$E_d\left(t\right) = \alpha E_c\left[1 + \beta\cos\omega_e\left(t - \tau\right)\exp\left(-j\beta_2 L\omega_e^2\right)\right]\exp\left[j\omega_c\left(t - \tau\right)\right] \tag{7.23}$$

其中，α、L、τ 和 β_2 分别是待测器件的损耗、长度、时延和群速度色散系数。

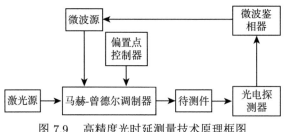

图 7.9　高精度光时延测量技术原理框图

光电探测器将光信号转换为光电流。其中，频率为 ω_{e} 的光电流分量可以由下式给出：

$$i\left(t\right) = 2\eta\beta\alpha^2 E_{\mathrm{c}}^2 \cos\left(\frac{1}{2}\beta_2 L\omega_{\mathrm{e}}^2\right)\cos\omega_{\mathrm{e}}\left(t - \tau\right) \tag{7.24}$$

其中，η 是光电探测器的响应度。

根据式 (7.24)，微波信号的相位变化为

$$\varphi\left(\omega_{\mathrm{e}}\right) = -\omega_{\mathrm{e}}\tau \tag{7.25}$$

微波鉴相器用于提取相位变化。由于所用的微波鉴相器的输出值位于 $[-180°, 180°]$ 中，因此将相位变化重写为

$$\varphi\left(\omega_{\mathrm{e}}\right) = 2\pi N\left(\omega_{\mathrm{e}}\right) + \theta\left(\omega_{\mathrm{e}}\right) \tag{7.26}$$

其中，$N(\omega_{\mathrm{e}})$ 是未知整数，$\theta(\omega_{\mathrm{e}})$ 是鉴相器的输出值。为了计算相位的整周模糊度，进行非线性的微波频率扫描并测量相移。最佳频点选择原则如下：

$$\begin{aligned}
\omega_1 &= \left(1 - \frac{2\Delta\theta}{\pi}\right)\frac{\Delta\theta}{\Delta\tau_{\mathrm{g}}} \\
\omega_i &= \omega_1 + \frac{\pi}{\tau_{\max}} \cdot \left(\frac{\pi}{2\Delta\theta}\right)^{i-2}, \ i = 2, 3, \cdots, M-1 \\
\omega_M &= \frac{\Delta\theta}{\Delta\tau_{\mathrm{g}}}
\end{aligned} \tag{7.27}$$

其中，$\Delta\theta$ 是鉴相器的精度，$\Delta\tau_{\mathrm{g}}$ 是所需的测量精度，$\tau_{\max}$ 是最大可测量时延，M 是频点数。因为 $\omega_{M-1} < \omega_M$，所以点数为

$$M = \mathrm{ceil}\left\{\log_{\pi/2\Delta\theta}\left[\left(\omega_M - \omega_1\right)\tau_{\max}/\pi\right]\right\} + 2 \tag{7.28}$$

其中，ceil $[\cdots]$ 表示进一法取整函数。

从式 (7.28) 可以看出，扫描点的数量以对数形式增加。相反，当使用线性扫频时，点数为 $(\omega_M - \omega_1)\,\tau_{\max}/\pi$，这是线性增长。因此，所提出的方法可以大大减少长距离测量时的冗余频点，从而实现快速光时延测量。

为了计算相位整周模糊度，采用了新的相位解缠算法。当 θ_1 和 θ_2 之间的绝对相位差大于或等于 π 时，通过减去 2π 来校正相移 θ_2。另外，剩余的相移 θ_i 通过下式进行解缠：

$$\phi_i = 2\pi \cdot \mathrm{round}\left[\frac{(\omega_i - \omega_2)\,(\phi_{i-1} - \theta_1)}{2\pi\,(\omega_{i-1} - \omega_1)} + \frac{\theta_1 - \theta_i}{2\pi}\right] + \theta_i \tag{7.29}$$

其中，$\mathrm{round}\,[\cdots]$ 表示四舍五入法取整。ω_M 的相位整周模糊度可以通过下式计算：

$$N_M = \mathrm{round}\left[\frac{(\omega_M - \omega_2 + \omega_1)\,(\phi_M - \theta_1)}{2\pi\,(\omega_M - \omega_1)} - \frac{\theta_M}{2\pi}\right] \tag{7.30}$$

最终，可由下式计算出 τ：

$$\tau = -\left(N_M + \frac{\theta_M}{2\pi}\right)\frac{2\pi}{\omega_M} \tag{7.31}$$

7.3.2 快速高精度光时延测量实验验证

为验证上述光时延测量方法，采用图 7.9 所示的结构搭建了实验系统。线宽 <100 kHz 的 1550 nm 激光器 (Newkey Photonics，NLC13) 输出的光信号送至马赫-曾德尔调制器 (Fujitsu，FTM7928FB)。采用偏置点控制器将调制器的工作点保持在正交传输点，生成强度调制信号。带宽为 12 GHz 的光电探测器将待测光器件输出的光信号转换为光电流，并由精度为 $\pm 0.1°$ 的微波鉴相器提取相位信息。实验中，使用恒温箱将测量系统的温度保持在 25 ℃。

扫描点的频率设置为 f，$f+1$ kHz，$f+1$ MHz 和 $f+10$ MHz，其中 $f = 5.59$ GHz。理论上，在 5.6 GHz 的最高频率下可获得 ± 0.0496 ps 的时延测量精度。前两个频率之间的 1 kHz 频率差确定了最大测量范围。考虑到相位解缠算法，测量范围为 $\pi/(2\pi \cdot 1$ kHz$) = 500$ μs。微波合成器的跳频速度为亚毫秒/点，因此可以实现毫秒级测量，从而降低环境扰动对测量系统的影响。

图 7.10 是归一化系统时延在一小时内的变化情况。从图 7.10 (a) 可以看出，系统时延波动优于 ± 0.04 ps；从图 7.10 (b) 可以看出，系统时延的标准差为 0.009 ps。上述结果表明该测量系统的稳定性较好，精密度较高，达到了 ± 0.04 ps。

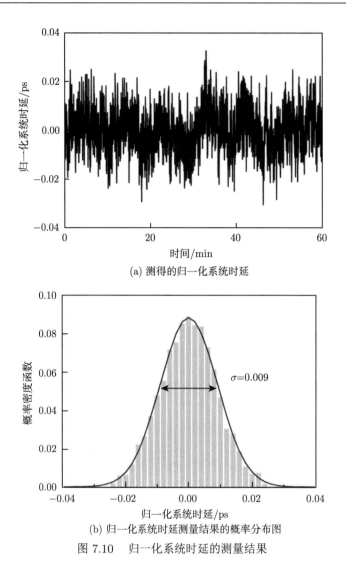

(a) 测得的归一化系统时延

(b) 归一化系统时延测量结果的概率分布图

图 7.10   归一化系统时延的测量结果

为了进一步验证光时延测量的精确度，本次实验使用美国 General Photonics 公司的电控可调光延时线 MDL-002 作为高精度时延参考，其分辨率 < 1 fs，精度为 ±0.01 ps。当延时线被设置在零点时，四个频点的相位测量结果分别为 −143.1975°、−143.2017°、−147.0248°、178.5359°。展开后的相位分别为 −143.1975°、−143.2017°、−147.0248°、−181.4641°。由此可以计算出最高频点的整周模糊度为 −60，进而解算出光时延量为 −(−60+178.5359°/360°)/5.6 GHz = 10.625726 ns。由于延时线被设置在零点，该时延主要是由延时线的尾纤引入的。

电控可调光延时线以 1 ps 为步长进行扫描，测得的时延如图 7.11 所示。从图中可以看出，测得的光时延和设定的时延量吻合得很好，它们之间的差值在 ±0.04 ps。因此，在考虑冗余原则后，该测量系统在短距离 (10.6 ns×2×10^8 m/s ≈ 2.12 m) 光时延测量中，可以实现优于 ±0.05 ps 的测量精确度。

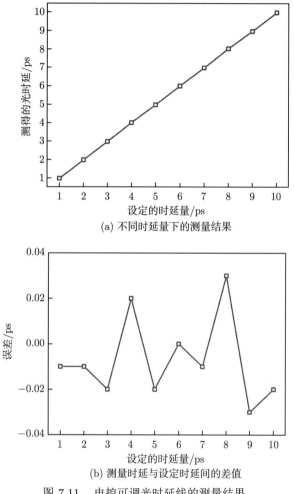

(a) 不同时延量下的测量结果

(b) 测量时延与设定时延间的差值

图 7.11　电控可调光时延线的测量结果

为了验证快速高精度光时延测量方法的大测量范围和高测量速度，实验测量了 37 km 单模光纤的时延。将光纤放置在室外观察时延 24 h 以上，结果如图 7.12(a) 所示。当光纤从室内移到室外时，由于温度发生突变，光纤时延在前 3 小时内变化较快。放置 3 小时后，光纤时延随温度线性变化。光纤时延温度系数约为 7.1 × 10^{-6}/°C，非常接近光纤数据手册中的 7 × 10^{-6}/°C。图 7.12 (b) 给出 1.92 s 内的连续测量结果。受限于数据传输和处理时间，刷新间隔时间为 48 ms。

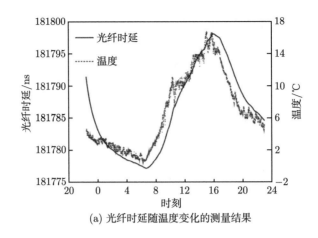

(a) 光纤时延随温度变化的测量结果

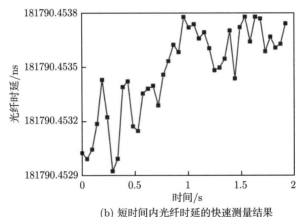

(b) 短时间内光纤时延的快速测量结果

图 7.12　37 km 光纤的时延测量结果

7.4　本 章 小 结

本章介绍了具备时域分析功能的高分辨率光矢量分析技术，该方法可用于几乎所有微波光子扫频光矢量分析技术，使其具备时域分析能力；介绍了基于线性调频和去斜处理的超快光矢量分析技术，使用线性调频信号替代原有的步进式的逐点扫描，极大地提升了测量速度；还介绍了基于高分辨光矢量分析的光时延测量技术，实现了快速、高精度、大范围光时延测量。

参 考 文 献

[1] Rytting D. ARFTG 50 year network analyzer history. 2008 71st ARFTG Microwave Measurement Conference, Atlanta, GA, USA, 2008: 1-8.

[2] Beatty R W, Engen G F, Anson W J. Measurement of reflections and losses of waveguide joints and connectors using microwave reflectometer techniques. IRE Transactions on Instrumentation, 1960, 1(2): 219-226.

[3] Hunton J. Analysis of microwave measurement techniques by means of signal flow graphs. IRE Transactions on Microwave Theory and Techniques, 1960, 8(2): 206-212.

[4] Gross F. Smart antennas with MATLAB: Principles and applications in wireless communication. New York: McGraw-Hill Professional, 2015.

[5] Lin H Y, Takahashi M, Saito K, et al. Performance of implantable folded dipole antenna for in-body wireless communication. IEEE Transactions on Antennas and Propagation, 2012, 61(3): 1363-1370.

[6] Kant G W, Patel P D, Wijnholds S J, et al. EMBRACE: A multi-beam 20,000-element radio astronomical phased array antenna demonstrator. IEEE Transactions on Antennas and Propagation, 2011, 59(6): 1990-2003.

[7] Sazegar M, Zheng Y, Maune H, et al. Low-cost phased-array antenna using compact tunable phase shifters based on ferroelectric ceramics. IEEE Transactions on Microwave Theory and Techniques, 2011, 59(5): 1265-1273.

[8] Kruppa W, Sodomsky K. An explicit solution for the scattering parameters of a linear two-port measured with an imperfect test set (correspondence). IEEE Transactions on Microwave Theory and Techniques, 1971, 19(1): 122-123.

[9] Fitzpatrick J. Error models for systems measurement. Microwave Journal, 1978, 21(5): 63-66.

[10] Collier R J, Skinner A D. Microwave measurements. Stevenage: Institution of Engineering and Technology, 2007.

[11] Wong K. Network analyzer calibrations-Yesterday, today and tomorrow. 2008 71st ARFTG Microwave Measurement Conference, Atlanta, GA, USA, 2008: 1-7.

[12] Mukherjee B. Optical communication networks. New York: McGraw-Hill Companies, 1997.

[13] Pospischil A, Humer M, Furchi M M, et al. CMOS-compatible graphene photodetector covering all optical communication bands. Nature Photonics, 2013, 7(11): 892-896.

[14] López-Higuera J M. Handbook of optical fibre sensing technology. New York: Wiley, 2002.

[15] Frazao O, Santos J L, Araujo F M, et al. Optical sensing with photonic crystal fibers.

Laser & Photonics Reviews, 2008, 2(6): 449-459.

[16] Piliarik M , Sandoghdar V. Direct optical sensing of single unlabelled proteins and super-resolution imaging of their binding sites. Nature Communications, 2014, 5: 4495.

[17] Yu F T, Jutamulia S. Optical signal processing, computing, and neural networks. New York: John Wiley & Sons, Inc., 1992.

[18] Koos C, Vorreau P, Vallaitis T, et al. All-optical high-speed signal processing with silicon–organic hybrid slot waveguides. Nature Photonics, 2009, 3(4): 216-219.

[19] Safavi-Naeini A H, Alegre T, Chan J, et al. Electromagnetically induced transparency and slow light with optomechanics. Nature, 2011, 472(7341): 69-73.

[20] Van Uden R G, Correa R A, Lopez E A, et al. Ultra-high-density spatial division multiplexing with a few-mode multicore fibre. Nature Photonics, 2014, 8(11): 865-870.

[21] Kuramochi E, Nozaki K, Shinya A, et al. Large-scale integration of wavelength-addressable all-optical memories on a photonic crystal chip. Nature Photonics, 2014, 8(6): 474-481.

[22] Silverstone J W, Bonneau D, Ohira K, et al. On-chip quantum interference between silicon photon-pair sources. Nature Photonics, 2014, 8(2): 104-108.

[23] Dong C H, Shen Z, Zou C L, et al. Brillouin-scattering-induced transparency and non-reciprocal light storage. Nature Communications, 2015, 6: 6193.

[24] Tkach R W. Scaling optical communications for the next decade and beyond. Bell Labs Technical Journal, 2010, 14(4): 3-9.

[25] Hillerkuss D, Schmogrow R, Schellinger T, et al. 26 Tbit s-1 line-rate super-channel transmission utilizing all-optical fast Fourier transform processing. Nature Photonics, 2011, 5(6): 364-371.

[26] Rohde H, Gottwald E, Rosner S, et al. Field trials of a coherent UDWDM PON: Real-time LTE backhauling, legacy and 100G coexistence. 2014 The European Conference on Optical Communication (ECOC), 2014: Tu.4.2.2.

[27] Shieh W, Bao H, Tang Y. Coherent optical OFDM: theory and design. Optics Express, 2008, 16(2): 841-859.

[28] Li R, Chen H, Lei C, et al. Optical serial coherent analyzer of radio-frequency (OS-CAR). Optics Express, 2014, 22(11): 13579-13585.

[29] Lee H, Chen T, Li J, et al. Chemically etched ultrahigh-Q wedge-resonator on a silicon chip. Nature Photonics, 2012, 6(6): 369-373.

[30] Herr T, Brasch V, Jost J D, et al. Temporal solitons in optical microresonators. Nature Photonics, 2014, 8(2): 145-152.

[31] Pfeifle J, Brasch V, Lauermann M, et al. Coherent terabit communications with microresonator Kerr frequency combs. Nature Photonics, 2014, 8(5): 375-380.

[32] Hausmann B, Bulu I, Venkataraman V, et al. Diamond nonlinear photonics. Nature Photonics, 2014, 8(5): 369-374.

[33] Peng B, Özdemir Ş K, Lei F, et al. Parity-time-symmetric whispering-gallery micro-cavities. Nature Physics, 2014, 10(5): 394-398.

[34] Kippenberg T J, Holzwarth R, Diddams S A. Microresonator-based optical frequency combs. Science, 2011, 332(6029): 555-559.

[35] Zhu J, Özdemir Ş K, Xiao Y F, et al. On-chip single nanoparticle detection and sizing by mode splitting in an ultrahigh-Q microresonator. Nature Photonics, 2010, 4(1): 46-49.

[36] Verhagen E, Deléglise S, Weis S, et al. Quantum-coherent coupling of a mechanical oscillator to an optical cavity mode. Nature, 2012, 482(7383): 63-67.

[37] Vollmer F, Arnold S. Whispering-gallery-mode biosensing: label-free detection down to single molecules. Nature Methods, 2008, 5(7): 591-596.

[38] He L, Özdemir Ş K, Zhu J, et al. Detecting single viruses and nanoparticles using whispering gallery microlasers. Nature Nanotechnology, 2011, 6(7): 428-432.

[39] Fumagalli L, Esteban-Ferrer D, Cuervo A, et al. Label-free identification of single dielectric nanoparticles and viruses with ultraweak polarization forces. Nature Materials, 2012, 11(9): 808-816.

[40] Kravets V G, Schedin F, Jalil R, et al. Singular phase nano-optics in plasmonic metamaterials for label-free single-molecule detection. Nature Materials, 2013, 12(4): 304-309.

[41] Vlasov Y A, O'Boyle M, Hamann H F, et al. Active control of slow light on a chip with photonic crystal waveguides. Nature, 2005, 438(7064): 65-69.

[42] Akopian N, Wang L, Rastelli A, et al. Hybrid semiconductor-atomic interface: slowing down single photons from a quantum dot. Nature Photonics, 2011, 5(4): 230-233.

[43] Liu L, Kumar R, Huybrechts K, et al. An ultra-small, low-power, all-optical flip-flop memory on a silicon chip. Nature Photonics, 2010, 4(3): 182-187.

[44] Cuennet J, Vasdekis A, De Sio L, et al. Optofluidic modulator based on peristaltic nematogen microflows. Nature Photonics, 2011, 5(4): 234-238.

[45] Moss D J, Morandotti R, Gaeta A L, et al. New CMOS-compatible platforms based on silicon nitride and Hydex for nonlinear optics. Nature Photonics, 2013, 7(8): 597-607.

[46] Gifford D K, Soller B J, Wolfe M S, et al. Optical vector network analyzer for single-scan measurements of loss, group delay, and polarization mode dispersion. Applied Optics, 2005, 44(34): 7282-7286.

[47] Yi X, Shieh W, Ma Y. Phase noise effects on high spectral efficiency coherent optical OFDM transmission. Journal of Lightwave Technology, 2008, 26(10): 1309-1316.

[48] Hauske F N, Kuschnerov M, Spinnler B, et al. Optical performance monitoring in digital coherent receivers. Journal of Lightwave Technology, 2009, 27(16): 3623-3631.

[49] Jin C, Bao Y, Li Z, et al. High-resolution optical spectrum characterization using optical channel estimation and spectrum stitching technique. Optics Letters, 2013, 38(13): 2314-2316.

[50] Li Z , Yi X. Spectral characterization of passive optical devices. Proceedings of SPIE

Newsroom, 2014.

[51] Pan S L, Xue M. Ultrahigh-resolution optical vector analysis based on optical single-sideband modulation. Journal of Lightwave Technology, 2017, 35(4): 836-845.

[52] Qing T, Li S P, Tang Z Z, et al. Optical vector analysis with attometer resolution, 90-dB dynamic range and THz bandwidth. Nature Communications, 2019, 10: 5135.

[53] Román J, Frankel M, Esman R. Spectral characterization of fiber gratings with high resolution. Optics Letters, 1998, 23(12): 939-941.

[54] Loayssa A, Hernández R, Benito D, et al. Characterization of stimulated Brillouin scattering spectra by use of optical single-sideband modulation. Optics Letters, 2004, 29(6): 638-640.

[55] Morozov O, Nureev I, Sakhabutdinov A, et al. Ultrahigh-resolution optical vector analyzers. Photonics, 2020, 7(1): 14.

[56] Li W, Wang W T, Wang L X, et al. Optical vector network analyzer based on single-sideband modulation and segmental measurement. IEEE Photonics Journal, 2014, 6(2): 7901108.

[57] Wang M, Yao J. Optical vector network analyzer based on unbalanced double-sideband modulation. IEEE Photonics Technology Letters, 2013, 25(8): 753-756.

[58] Tang Z Z, Pan S L, Yao J P. A high resolution optical vector network analyzer based on a wideband and wavelength-tunable optical single-sideband modulator. Optics Express, 2012, 20(6): 6555-6560.

[59] Song S, Yi X, Chew S X, et al. Optical vector network analyzer based on silicon-on-insulator optical bandpass filter, in 2016 IEEE International Topical Meeting on Microwave Photonics (MWP), 2016: 98-101.

[60] Li L, Yi X, Chew S X, et al. High-resolution optical vector network analyzer based on silicon-on-insulator coupled-resonator optical waveguides. 2016 22nd International Conference on Applied Electromagnetics and Communications (ICECOM), 2016: 1-4.

[61] Sagues M, Pérez M, Loayssa A. Measurement of polarization dependent loss, polarization mode dispersion and group delay of optical components using swept optical single sideband modulated signals. Optics Express, 2008, 16(20): 16181-16188.

[62] Sagues M, Loayssa A. Swept optical single sideband modulation for spectral measurement applications using stimulated Brillouin scattering. Optics Express, 2010, 18(16): 17555-17568.

[63] Lim S C, Abdul-Rashid H A, Cheong W S. Sensitivity analysis on effects of bias drifting in subcarrier multiplexed transmission system employing OSSB modulation. The 17th Asia Pacific Conference on Communications, 2011: 213-217.

[64] Xue M, Pan S L, Zhao Y J. Optical single-sideband modulation based on a dual-drive MZM and a 120° hybrid coupler. Journal of Lightwave Technology, 2014, 32(19): 3317-3323.

[65] Hraimel B, Zhang X, Pei Y, et al. Optical single-sideband modulation with tunable optical carrier to sideband ratio in radio over fiber systems. Journal of Lightwave

Technology, 2011, 29(5): 775-781.

[66] Wen A, Li M, Shang L, et al. A novel optical SSB modulation scheme with interfering harmonics suppressed for ROF transmission link. Optics and Laser Technology, 2011, 43(7): 1061-1064.

[67] Blais S R, Yao J. Optical single sideband modulation using an ultranarrow dual-transmission-band fiber Bragg grating. IEEE Photonics Technology Letters, 2006, 18(21): 2230-2232.

[68] Ning T, Li J, Li P, et al. Overwritten fiber Bragg grating and its application in an optical single sideband with carrier modulation radio over a fiber system. Optical Engineering, 2011, 50(3): 035001.

[69] Li J, Ning T, Pei L, et al. Performance analysis of an optical single sideband modulation approach with tunable optical carrier-to-sideband ratio. Optics and Laser Technology, 2013, 48: 210-215.

[70] Liu W, Tian H, Ji Y, et al. Optical single sideband modulation of 60-GHz radio over fiber (ROF) system using ultra compact photonic crystal ring-shaped channel drop filter. Optics and Laser Technology, 2013, 49: 6-12.

[71] Ning G, Zhou J, Cheng L, et al. Generation of different modulation formats using Sagnac fiber loop with one electroabsorption modulator. IEEE Photonics Technology Letters, 2008, 20(4): 297-299.

[72] Savchenkov A, Liang W, Matsko A, et al. Tunable optical single-sideband modulator with complete sideband suppression. Optics Letters, 2009, 34(9): 1300-1302.

[73] Zhou H, Chen W, Meng Z. Optical single sideband-frequency generation with carrier totally suppressed for Brillouin distributed fiber sensing. Optics Communications, 2012, 285(21-22): 4391-4394.

[74] Qin Y, Sun J, Du M, et al. Experimental demonstration of tunable optical single sideband modulation and 1.5 Gb/s RoF downlink using stimulated Brillouin scattering. Optics Communications, 2013, 290: 158-162.

[75] Notomi M, Kuramochi E, Tanabe T. Large-scale arrays of ultrahigh-Q coupled nanocavities. Nature Photonics, 2008, 2(12): 741-747.

[76] He C, Pan S L, Guo R H, et al. Ultraflat optical frequency comb generated based on cascaded polarization modulators. Optics Letters, 2012, 37(18): 3834-3836.

[77] Li J, Li X, Zhang X, et al. Analysis of the stability and optimizing operation of the single-side-band modulator based on re-circulating frequency shifter used for the T-bit/s optical communication transmission. Optics Express, 2010, 18(17): 17597-17609.

[78] Li J, Zhang X, Tian F, et al. Theoretical and experimental study on generation of stable and high-quality multi-carrier source based on re-circulating frequency shifter used for Tb/s optical transmission. Optics Express, 2011, 19(2): 848-860.

[79] Chen M, Menicucci N C, Pfister O. Experimental realization of multipartite entanglement of 60 modes of a quantum optical frequency comb. Physical Review Letters, 2014, 112(12): 120505.

[80] Papp S B, Del'Haye P, Diddams S A. Mechanical control of a microrod-resonator optical frequency comb. Physical Review X, 2013, 3(3): 031003.

[81] Pasquazi A, Caspani L, Peccianti M, et al. Self-locked optical parametric oscillation in a CMOS compatible microring resonator: a route to robust optical frequency comb generation on a chip. Optics Express, 2013, 21(11): 13333-13341.

[82] Xue M, Pan S L, He C, et al. Wideband optical vector network analyzer based on optical single-sideband modulation and optical frequency comb. Optics Letters, 2013, 38(22): 4900-4902.

[83] Xue M, Pan S L. Influence of unwanted first-order sideband on optical vector analysis based on optical single-sideband modulation. Journal of Lightwave Technology, 2017, 35(13): 2580-2586.

[84] Xue M, Pan S L, Zhu D, et al. A study on the measurement error of the optical vector network analyzer based on single-sideband modulation. In 2013 12th International Conference on Optical Communications and Networks (ICOCN), 2013: 1-4.

[85] Xue M, Zhao Y J, Gu X W, et al. Performance analysis of optical vector analyzer based on optical single-sideband modulation. Journal of the Optical Society of America B, 2013, 30(4): 928-933.

[86] Xue M, Pan S L, Zhao Y J. Accuracy improvement of optical vector network analyzer based on single-sideband modulation. Optics Letters, 2014, 39(12): 3595-3598.

[87] Xue M, Pan S L, Zhao Y J. Accurate optical vector network analyzer based on optical single-sideband modulation and balanced photodetection. Optics Letters, 2015, 40(4): 569-572.

[88] Xue M, Pan S L, Zhao Y J. Large dynamic range optical vector analyzer based on optical single-sideband modulation and Hilbert transform. Applied Physics B, 2016, 122(7): 197.

[89] Abbosh A M. Ultra-wideband phase shifters. IEEE Transactions on Microwave Theory and Techniques, 2007, 55(9): 1935-1941.

[90] Naser-Moghadasi M, Dadashzadeh G R, Dadgarpour A, et al. Compact ultra-wideband phase shifter. Progress In Electromagnetics Research Letters, 2010, 15: 89-98.

[91] Qing T, Xue M, Huang M H, et al. Measurement of optical magnitude response based on double-sideband modulation. Optics Letters, 2014, 39(21): 6174-6176.

[92] Qing T, Li S P, Xue M, et al. Optical vector analysis based on double-sideband modulation and stimulated Brillouin scattering. Optics Letters, 2016, 41(15): 3671-3674.

[93] Qing T, Li S P, Xue M, et al. Optical vector analysis based on asymmetrical optical double-sideband modulation using a dual-drive dual-parallel Mach-Zehnder modulator. Optics Express, 2017, 25(5): 4665-4671.

[94] Liu S F, Xue M, Fu J B, et al. Ultrahigh-resolution and wideband optical vector analysis for arbitrary responses. Optics Letters, 2018, 43(4): 727-730.

[95] Xue M, Liu S F, Pan S L. High-resolution optical vector analysis based on symmetric

double-sideband modulation. IEEE Photonics Technology Letters, 2018, 30(5): 491-494.

[96] Wen J, Shi D, Jia Z, et al. Accuracy-enhanced wideband optical vector network analyzer based on double-sideband modulation. Journal of Lightwave Technology, 2019, 37(13): 2920-2926.

[97] Jun W, Wang L, Yang C, et al. Optical vector network analyzer based on double-sideband modulation. Optics Letters, 2017, 42(21): 4426-4429.

[98] Xue M, Heng Y Q, Pan S L. Ultrahigh-resolution electro-optic vector analysis for characterization of high-speed electro-optic phase modulators. Journal of Lightwave Technology, 2017, 36(9): 1644-1649.

[99] Heng Y Q, Xue M, Chen W, et al. Large-dynamic frequency response measurement for broadband electro-optic phase modulators. IEEE Photonics Technology Letters, 2019, 31(4): 291-294.

[100] Li S P, Qing T, Wang L H, et al. Optical vector analyzer with time-domain analysis capability. Optics Letters, 2021, 46(2): 186-189.

[101] Li S P, Xue M, Qing T, et al. Ultrafast and ultrahigh-resolution optical vector analysis using linearly frequency-modulated waveform and dechirp processing. Optics Letters, 2019, 44(13): 3322-3325.

[102] Li S P, Qing T, Fu J B, et al. High-accuracy and fast measurement of optical transfer delay. IEEE Transactions on Instrumentation and Measurement, 2020, 70: 8000204.

索　引